AI를 이기는 아이는 이렇게 키웁니다

AI를 이기는 아이는 이렇게 키웁니다

엄명자 지음

북웨이브

AI 시대,
아이에게 무엇을 남길 것인가

"엄마, 숙제는 AI가 다 해줬어. 나 이제 놀아도 되지?"

만약 내 아이가 이런 질문을 한다면, 부모로서 어떤 생각이 들까요? 실제로 미국에는 가우스Gauth라는 학습 도우미 앱이 있습니다. 문제 사진을 찍어 올리면 단계별 풀이가 나오죠. AI는 그림도 그리고, 노래도 만들고 코딩은 물론 영화까지 만듭니다. 우리가 시간과 노력을 들여 직접 연구하고 개발해야만 가능했던 많은 영역을 AI가 대신해 주는 시대가 된 것입니다. 이렇게 빠르게 변화하는 시대 앞에서 많은 부모들이 불안과 걱정을 내비칩니다.

"내가 배웠던 방식대로 아이를 키워도 될까?"
"나중에 우리 아이의 일자리가 남아 있기는 할까?"
"혹시 내가 부족해서, 제대로 도와주지 못해 우리 아이만 뒤
처지면 어떡하지?"

이 질문에는 아이를 향한 부모의 사랑과 빠르게 변하는 시대 앞에 선 어른의 두려움이 함께 담겨 있습니다. 하지만 너무 걱정하지 않으셔도 됩니다. 언제나 문제 앞에는 해답이 있기 마련이니까요. 부모가 먼저 변화하는 시대를 이해하고, 아이에게 방향을 알려준다면 AI를 두려워하는 아이가 아니라 AI를 잘 활용하며 자신의 능력을 확장해 가는 아이로 충분히 자랄 수 있습니다.

시대가 바뀌어도, 아니 시대가 바뀌었기에 더욱 중요해진 인간 고유의 능력이 있습니다. AI는 방대한 데이터를 요약하고 정답을 제시하는 데는 탁월합니다. 하지만 '왜Why'라는 질문을 던지고, '어떤 의미Meaning'가 있는지 해석하며, '무엇이 옳은가Value'를 결정하는 것은 여전히 인간의 몫으로 남아 있습니다. 지금까지의 교육이 '지식을 머릿속에 채워 넣는 것'이었다면,

이제는 '지식을 꺼내어 연결하고 판단하며 지휘하는 힘'을 가르치는 방향으로 바뀌어야 합니다. AI를 두려워하는 아이가 아니라 AI를 유능한 비서처럼 활용하며 자신의 생각을 넓혀 나가는 아이로 키우는 것, 그것이 지금 이 시대의 부모라면 반드시 한 번쯤 마주해야 할 관문입니다.

AI 시대, 우리 아이를 대체 불가능한 존재로 만드는 비밀은 바로 '생각하는 힘'에 있습니다. 이제 '답을 찾는 능력'은 AI가 인간보다 훨씬 뛰어납니다. 우리 아이에게 필요한 것은 '좋은 답을 얻기 위해 본질을 꿰뚫는 질문을 던지는 힘'과 'AI가 내놓은 결과물에 자신의 기준과 가치를 더해 올바른 결정을 내리는 힘'입니다. 이를 위해 사고의 폭을 넓히고 스스로 판단해 보는 깊이를 쌓는 경험이 필요합니다. 그렇다면 질문은 이제 하나로 모아집니다.

"AI가 점점 더 많은 '답'을 대신해 주는 시대에 부모는 아이에게 무엇을 가르쳐야 할까요? 더 빠른 선행일까요, 더 많은 문제 풀이일까요, 아니면 남들보다 앞서는 정보일까요?"

저는 38년 동안 교육 현장에서 수많은 아이들을 만나며 이 질문에 대한 제 나름의 답을 찾았습니다. 성적이 뛰어난 아이보다, 환경이 좋은 아이보다, 끝내 자기 생각으로 길을 찾아가는 아이가 결국 가장 높이 성장한다는 사실입니다. 그 아이들을 구분 짓는 결정적인 차이, 그것이 바로 이 책에서 말하는 '생각하는 힘'입니다.

이 책은 바로 그런 아이, '생각의 주인'이 되고 '생각의 근육'이 단단한 아이로 키우기 위한 구체적인 안내서입니다. 오랜 시간 초등 현장에서 아이들과 함께하며 깨달은 경험과 통찰을 바탕으로 아이들이 스스로 사고하고 질문하고 결정하는 힘을 키우는 방법을 담았습니다. 화려하거나 부담스러운 기술이 필요한 건 아닙니다. 식탁에서 나누는 대화, 잠들기 전 부모와 함께 읽는 책 한 권과 질문, 주말의 사소한 경험들 속에서 아이의 생각 그릇은 충분히 자라날 수 있습니다. 이 책에는 제가 그동안 만난 지혜로운 부모들을 인터뷰한 내용과 아이를 잘 키운 부모들을 가까이에서 바라보며 느낀 이야기들이 많이 실렸습니다. 만약 '제 딸이 아이를 기른다면 이것만은 꼭 알려주고 싶다'는 마음을 눌러 담아 이 책을 썼습니다.

AI 대전환의 시대 앞에서 흔들리고 불안한 부모의 마음에 이 책이 작은 이정표가 되기를 바랍니다.

엄명자 드림

※ 참고로 일부 사례들은 익명성을 위해 가명을 사용했으며, 약간 덜어내거나 덧칠한 부분도 있음을 미리 공지합니다.

 목차

AI 시대, 아이의 생각이 달라지고 있다

1부

요즘 아이들의 사고 변화와 부모가 놓치고 있는 교육의 진실

1장 왜 지금 '생각하는 힘'인가?

생각하는 아이는 이렇게 자란다

2부

일상에서 단단하게 키우는 '생각 근력' 훈련

아이의 생각 크기를 결정하는 부모의 세계관

아이의 사고를 확장하는 부모의 언어와 태도

AI 시대, 아이의 생각이 달라지고 있다

요즘 아이들의 사고 변화와
부모가 놓치고 있는 교육의 진실

왜 지금
'생각하는 힘'인가?

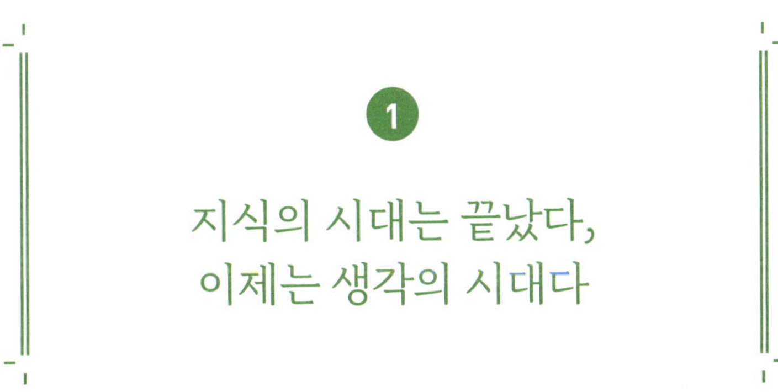

불과 몇 년 전까지만 해도 자녀 교육의 목표는 분명했습니다. 아는 것이 많고 내신 관리를 잘하며 시험에서 높은 점수를 받아 좋은 대학에 보내는 것이었지요. 그것만이 부모의 역할이자 책임처럼 여겨질 정도였습니다. 그런데 지금은 어떤가요? 주머니 속 스마트폰에 질문만 던지면 복잡한 수학 공식은 물론, 철학자의 사상부터 양자역학까지 몇 초 만에 설명해 줍니다.

과거에는 많이 아는 것 자체가 경쟁력이었고, 머릿속에 지식이 많은 사람을 인재로 여겼습니다. 그러나 AI가 인간의 암기력과 정보 검색 능력을 압도해 버린 지금, '지식의 양'으로 경쟁하는 시대는 이미 끝났습니다.

그렇다면 이 시대에 우리 아이에게 정말 필요한 것은 무엇일까요? 바로 '생각하는 힘'입니다.

AI 시대의 핵심 역량, 생각하는 힘

AI가 인간의 지식과 속도를 넘어서는 시대에 아이의 경쟁력을 결정짓는 기준은 더 이상 '얼마나 많이 아는가'가 아닙니다. AI는 대답할 수는 있지만 질문은 못합니다. AI는 방대한 데이터 속에서 가장 확률 높은 답을 제시할 뿐, 그 질문이 왜 중요한지, 무엇을 묻고 있는지까지 스스로 판단하지는 않습니다. 훌륭한 질문은 문제의 본질을 꿰뚫는 통찰력에서 나오기 때문이지요. 남들이 보지 못하는 문제를 발견하고, AI에게 올바른 방향을 제시하는 '질문하는 능력'이야말로 오직 인간에게만 허락된 고유한 영역입니다. 나아가 더 좋은 질문을 하고 더 나은 결과물을 얻기 위해서는 '생각하는 힘'이 전제되어야 합니다.

생각하는 힘이 중요한 이유는 또 있습니다. AI는 정보를 빠르게 모으고 나열할 수는 있지만, 이 정보를 연결하고 맥락 속에서 옳고 그름을 판단하는 힘은 인간에게만 있기 때문입니다. AI가 내놓은 정보를 필요에 맞게 선택하고 활용해서 새로운 가치를 만드는 것은 인간의 판단력입니다. 개별적인 지식 조각을 융합해 새로운 아이디어를 만들고, 그것이 우리 사회의 윤리적·감정적 맥락에서 타당한지 판단하는 비판적 사고Critical Thinking는 AI가 흉내 내기 어려운 영역이지요.

어떤 과정을 거쳤든 결국 '결정'에 대한 책임은 인간에게 있습니다. AI는 수만 가지의 시나리오를 제시할 수 있습니다. 하지만 그중 무엇을 선택할지 결정하고, 그 결과를 감당하는 것은 결국 '생각하는 인간'입니다. 가치관과 신념을 바탕으로 결단을 내리는 힘은 데이터와 연산으로는 결코 대체될 수 없습니다.

이제 우리는 '지식의 창고'가 되려는 노력을 멈추고, '지식의 지휘자'가 되어야 합니다. AI라는 강력한 엔진을 가졌더라도, 핸들을 쥐고 목적지를 설정하는 것은 인간의 '생각'입니다. 생각하는 힘을 잃는다면 우리는 AI라는 도구의 주인이 아니라, 그저 AI가 뱉어내는 정보를 소비하는 부품으로 전락할지도 모릅니다.

지식은 검색하면 나오지만, 한 인간의 머릿속을 떠다니는 생각은 검색으로 해결되지 않습니다. 지식은 AI에게 맡기세요. 그 지식을 지휘하고 판단하고 결정하여 아이만의 고유한 세상을 만드는 데 꼭 필요한, '생각의 근육'만큼은 반드시 부모님께서 함께 길러주셔야 합니다. AI는 '정답Answer'을 주지만, 아이는 그 속에서 자신만의 '해답Solution'을 찾아야 하니까요.

지식을 다루는 힘이 경쟁력이 되는 이유

이제 '유망 직종'을 예측하는 것은 점점 무의미해지고 있습니다. 유망하다던 직업이 AI로 빠르게 대체되고, 오늘 없던 직업이 내일 생겨나는 시대이기 때문입니다. 변화의 속도는 우리가 아이의 손을 잡고 따라갈 수 있는 수준을 넘어섰습니다. 그렇다면 이 불확실한 미래 앞에서 우리는 그저 불안해해야만 하는 걸까요?

그렇지 않습니다. 미래는 '알아맞히는 사람'의 것이 아니라, '생각해서 만들어 내는 사람'의 것이니까요. 생각하는 힘이 있는 아이에게 미래는 두려운 미지의 세계가 아니라, 마음껏 상상하고 그려 볼 수 있는 캔버스가 됩니다. 반대로 스스로 생각하지 않는 아이는 세상이 변하는 대로, AI 알고리즘이 이끄는 방향대로 휩쓸려 다닐 수밖에 없습니다. 남들이 좋다고 말하는 직업, AI가 추천하는 경로를 따라가다 보면 결국 '대체 가능한 부품'이 되고 말아요. 하지만 스스로 생각할 줄 아는 아이는 전혀 다른 길을 걷습니다.

생각하는 아이가 만들어 가는 삶의 방식

학교 현장에서 오랫동안 아이들을 지켜본 결과, 생각하는 아이는 자연스럽게 자기 삶을 주도해 갑니다. 상황을 파악한 뒤 미리 계획하고 준비하는 과정에서 창의적인 아이디어를 떠올리며 스스로 성찰하고 평가합니다.

문제 발견

"사람들이 이걸 불편해하네? 왜 아무도 안 고치지?"

↓

새로운 해결책 제시

"이 기술이랑 저 아이디어를 연결하면 해결할 수 있겠는데?"

↓

가치 창출

"내가 이걸 만들면 세상에 더 도움이 되지 않을까?"

이처럼 하나의 문제를 발견하고 연결하고 의미를 부여하는 '생각의 과정Process'을 거치는 아이는 없던 직업도 만들어 내고, 새로운 아이디어로 자신의 길을 개척해 나갑니다. 스티브 잡스가 "우리는 왜 이것을 만드는가?"라는 질문의 토대 위에 아이맥과 아이팟, 아이폰과 아이패드 같은 혁신적인 제품을 탄생시켰듯이 우리 아이들도 남이 만들어 놓은 미래를 따라가는 존재가 아니라 자기 생각으로 미래를 설계하는 존재로 자라야 합니다.

생각하는 힘은 앞으로 아이의 미래를 결정짓는 가장 중요한 기준이 될 것입니다. AI 시대에는 결국 두 부류의 인간만이 남게 된다고들 합니다. ‘AI에게 지시를 내리는 사람’과 ‘AI에게 지시를 받는 사람’이지요. 이 둘을 가르는 결정적인 기준은 다름 아닌 ‘생각’입니다. 남이 만든 생각과 데이터를 소비하는 데 익숙한 사람은 AI의 지배를 받겠지만, 자신만의 생각을 만들어 내는 사람은 AI를 가장 유능한 도구이자 비서로 활용하게 됩니다.

당장 눈앞의 성적이 조금 부족하다고 걱정하지 않아도 됩니다. 아이가 종종 깊은 생각에 잠기거나 엉뚱한 상상을 하며 자신이 관심을 가진 것에 몰입하고 있다면 오히려 기뻐해 주세요. 그 아이는 남들이 가지 않은 길을 탐색하며 자신만의 미래를 만들어 가는 중이니까요.

생각하는 힘을 기르는 일, 그것은 아이를 어떤 시대가 와도 흔들리지 않는 삶의 주인으로 키우는 가장 확실한 준비입니다.

아이의 힘은
불완전함에서 나온다

최근 AI로 만든 영상이 넘쳐나다 보니 등장인물이 진짜 사람인지 가상인물인지 한 번 더 살펴보곤 합니다. 이처럼 사실과 가상의 경계가 흐려질수록 우리는 오히려 인간만이 지닌 고유성이 무엇인지에 더 주목하게 됩니다. 인간이 인간임을 입증해야 할 때가 오고 있는 것이지요. 그렇다면 AI 시대에 인간의 고유성은 무엇으로 가장 잘 드러날까요?

AI가 결코 가질 수 없는 네 가지 힘

AI는 점점 더 많은 것을 대신해 줄 겁니다. 계산부터 정리, 분석은 물론이고 심지어 글을 대신 써 주고 그림까지 그려 냅니다. 우리는 이제 버튼 하나로 보고서를 완성하고, 몇 줄의 질문만으로 답을 얻는 시대에 살고 있습니다.

그러나 AI가 발전해도 결코 가질 수 없는 능력이 있습니다. 데이터를 학습해 모방할 수는 있어도, 스스로 의미를 만들어 내지는 못하지요. 실패를 통해 자라나고 불완전함 속에서 빛나는 힘, 그것은 인간만이 지닌 고유한 영역이기 때문입니다.

앞으로의 교육은 더 많은 정보를 입력하는 것이 아니라, AI가 대신할 수 없는 인간의 힘을 어떻게 지켜주고 또 키워줄 것인가로 나아가야 합니다. 어쩌면 우리는 이제 아이에게 무엇을 더 가르칠지보다, 무엇을 빼앗으면 안 될까를 먼저 고민해야 할지도 모릅니다.

지금부터는 AI가 결코 가질 수 없는, 우리 아이들만이 지닐 수 있는 대표적인 네 가지 힘에 대해 알아보겠습니다.

① 엉뚱한 '호기심과 상상력'

"엄마, 이건 뭐야? 저건 왜 저래?" 아이들의 끝없는 질문 공세에 지쳐 "그냥 원래 그런 거야"라고 대답해 본 적 있으신가요? 이제 그 귀찮게 느껴졌던 질문들이 아이의 가장 강력한 무기가 되는 시대가 왔습니다. AI는 주어진 데이터 안에서 답을 찾지만, 인간은 데이터 밖에서 새로운 문제를 발견합니다. '비행기는 어떻게 날 수 있게 되었을까?'라는 질문에 AI는 과학적 원리를 설명하지만, 아이는 '새와 친구가 되어 함께 이야기 나누고 싶어서 그런 게 아닐까?'라고 상상합니다. 이 엉뚱한 상상력과 호기심이 바로 창의성의 씨앗입니다.

오늘부터는 아이가 엉뚱한 질문을 하면 정답을 알려주기보다 이렇게 되물어 보면 어떨까요? "우와, 넌 어떻게 그런 생각을 했니? 네 생각이 정말 궁금해. 더 이야기해 줄래?"라고 말이에요.

② 데이터로 학습할 수 없는 '공감'

함께 놀던 친구가 넘어졌을 때, 우리 아이들은 어떻게 행동할까요? 달려가서 "괜찮아?"라고 묻고, 흙 묻은 옷을 털어 주며 함께 울상을 짓기도 할 겁니다. 실제로 학교에서 있었던 일인데, 1학년 동생이 넘어져서 울자 5학년 누나가 달려가서 달래며 업어 주는 모습을 본 적이 있습니다. 이것이 바로 AI가 흉내는 낼 수 있어도 가질 수는 없는, 따뜻한 마음의 온도인 공감 능력이지요. AI는 수억 개의 데이터를 통해 '사람이 슬플 때는 위로의 말을 건네야 한다'고 학습합니다. 하지만 그 위로에는 마음이 담겨 있지 않습니다. 기술이 고도로 발달할수록 사람들은 더 깊은 인간적인 연결을 갈망하게 됩니다. 사람의 마음을 읽고, 타인의 아픔에 진심으로 반응하며, 갈등을 부드럽게 해결하는 능력은 오직 인간만이 할 수 있는 고유한 영역입니다.

미래의 리더는 명령하는 사람이 아니라, 사람의 마음을 이해하고 하나로 묶어 주는 사람입니다. 아이에게 스마트기기를 하는 시간보다 친구들과 뛰어놀며 서로 부대끼는 시간을 더 많이 선물해 주세요. 그 소란스러운 과정 안에서 아이는 AI가 가질 수 없는 따뜻한 공감의 리더십을 배우게 될 것입니다.

③ '실수' 속에서 자라는 힘

아이가 하는 실수는 에러Error가 아니라 발견의 시간이며 성장의 시작입니다. 하지만 AI에게 실수는 오류이자 수정해야 할 대상일 뿐이지요. AI는 실패하지 않기 위해 최적의 경로만을 계산하도록 설계되어 있습니다. 하지만 우리 아이들은 다릅니다. 블록을 쌓다가 무너뜨리고, 그림을 그리다 선을 삐끗합니다. 그리고 그 실수 속에서 깔깔 웃으며, 때로는 전혀 새로운 것을 만들어 내기도 합니다.

아이들에게 실수는 단순한 실패가 아니라 예상치 못한 '새로운 발견'을 만나는 기회입니다. 효율성만 따지는 AI는 절대 걷지 않을 길을, 우리 아이들은 기꺼이 걸어가며 자신만의 경험을 쌓습니다. 이 과정에서 회복 탄력성과 유연성이 자라납니다. 아이가 무언가를 쏟거나 틀렸을 때, "조심 좀 하지!"라고 말하기 전에 이렇게 말해 주는 건 어떨까요? "괜찮아, 이왕 쏟아진 김에 식탁 위에 그림을 그려 볼까?" 하고 말이지요. 실수를 두려워하지 않는 아이만이 계속해서 도전할 수 있으며, 새로운 혁신을 만들어 낼 수 있습니다.

④ '취향'이 경쟁력이 되는 시대

나만의 '고유한 취향'이 브랜드가 되는 세상입니다. "너는 커서 뭐가 되고 싶니?"라는 질문에 예전에는 의사, 변호사 같은 직업들이 나왔다면, 이제는 대답이 달라져야 합니다. 기능적인 업무는 AI가 대체할 가능성이 높아졌기 때문에, 앞으로 중요한 것은 '무엇을 좋아하는가'에 대한 아이만의 뚜렷한 색깔, 즉 '취향'을 명확히 이야기할 수 있는 사람이 되는 것입니다.

모든 것이 자동화되고 표준화된 세상에서 가장 인간적인 매력은 '나다움'으로부터 나옵니다. 남들이 좋다고 하는 길을 따르는 것이 아니라, 내가 진정으로 가슴 뛰는 일을 찾아 몰입해 본 경험이 있는 아이가 미래의 주인공이 됩니다. 그것이 곤충 관찰이든, 종이접기든, 춤이든 상관없습니다. AI는 명령을 수행할 뿐 스스로 무엇을 좋아할지는 결정하지 못합니다. 지금 아이가 꽂혀 있는 사소해 보이는 취미가 훗날 그 아이만이 가진 대체 불가능한 스토리가 될 겁니다. 아이가 무언가에 푹 빠져 있다면, 그 시간을 방해하지 말고 지켜봐 주세요. 그 시간이 모여 아이를 가장 인간답고 고유한 존재로 만들어 줄 것입니다.

신문에서 〈아바타3〉로 다시 우리 곁에 돌아온 제임스 카메론 감독의 이야기를 읽은 적이 있습니다. 카메론 감독은 '아바타 시리즈'에서 생성형 AI를 단 1초도 사용하지 않았다고 합니다. 대신 4년 동안 3,000명이 넘는 사람들이 촬영에 참여했고, 3,500개가 넘는 시각 특수 효과 장면을 완성해 냈습니다. 그는 "방대한 데이터를 학습한 AI는 모든 것이면서 동시에 아무것도 아닌 존재다. 무난한 결과를 원하면 AI를 써도 되지만 우리가 원하는 건 고유한 인물이다. 판도라의 세계가 실제처럼 느껴지는 건, 배우들의 살아있는 연기에 기반했기 때문이다"라고 말했습니다.

이제 우리는 AI가 할 수 없는, 인간만이 가진 고유성을 어떻게 키워줄 것인지를 고민해야 합니다. 그러기 위해서는 아이만이 가진 고유성과 불완전함을 단점이 아닌 장점으로 바라보고 길러 주어야 합니다. 다른 아이와 비교하지 말고, 있는 그대로 존중하며 인정해 주세요. 장점뿐만 아니라 단점까지도 아이의 일부로 받아들이고 소중하게 여기는 마음가짐이 필요합니다.

어른의 기준으로 아이를 판단하고, 뜻대로 되지 않는다고
다그치기보다는 아이의 생각을 묻고 그 이유를 들어 주세요.
그리고 그 생각을 실현하려면 어떤 방법이 있을지도 함께 질문
해 주세요. 미래에는 인간이 목표를 정하고, 이를 달성하기 위
해 AI를 도구로 활용하는 능력이 더 중요해질 겁니다. 하늘의
북극성이 별들의 중심이 되듯, 그 중심은 인간만이 잡을 수 있
습니다. 그때 가장 중요한 힘은 바로, 아이만이 가진 이 불완전
하지만 고유한 인간성일 것입니다.

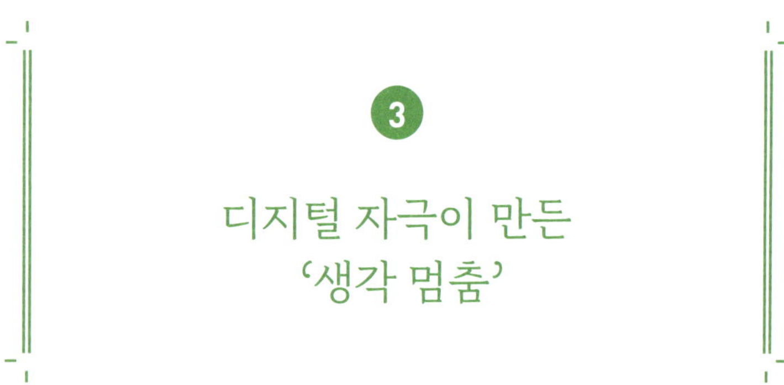

디지털 자극이 만든
'생각 멈춤'

아이를 부를 때 몇 번을 불러도 대답이 없어 가까이 가 보면, 스마트폰이나 태블릿 화면 속으로 빨려 들어갈 듯 멍하니 있는 모습을 본 적 있나요? 눈은 화면을 따라 빠르게 움직이고 손가락은 쉴 새 없이 스크롤을 내리지만, 사실 지금 아이의 뇌는 가장 위험한 상태인 '생각 멈춤'에 빠져 있을지도 모릅니다. 화려한 자극 속에서 조용히 꺼져 있는 '생각의 스위치'. 상상만 해도 아찔하지 않나요? 그런데 이 모습이 비단 아이들만의 문제일까요?

어른인 우리도 크게 다르지 않습니다. SNS를 잠깐만 보려고

들어갔다가 알고리즘에 이끌려 훌쩍 시간을 보내 버린 경험, 한 줄 한 줄 곱씹어 읽기보다 화면을 빠르게 훑고 지나쳐 버린 경험, 다들 있지 않나요? 디지털 매체에 익숙해질수록 깊이 읽고 오래 생각하는 힘은 자연스럽게 약해지기 마련입니다. 아이들 역시 마찬가지입니다. 디지털 매체에 노출되면 전두엽의 발달이 더뎌지고, 감정을 담당하는 편도체가 과도하게 자극되어 감정 기복이 커지는 경우가 많습니다.

요즘 미디어 알고리즘은 무서울 정도로 정교합니다. 우리 아이가 무엇을 좋아하는지 부모인 저보다 더 잘 알고, 아이가 지루해할 틈도 없게 15초짜리 짧은 영상(숏폼)Short-form을 끊임없이 공급하지요. 문제는 여기서 시작됩니다. '재미'가 자동으로 공급되는 환경에서 아이의 뇌는 스스로 생각할 필요가 없어진다는 겁니다. 생각하지 않아도 되는 환경은 생각하는 근육을 쓰지 않게 만듭니다. 이것은 마치 다 큰 아이에게 계속해서 씹을 필요 없는 묽은 미음을 떠먹여 주는 것과 같습니다. 씹지 않으면 턱 근육이 발달하지 않듯, 스스로 생각하고 판단하지 않으면 뇌의 전두엽은 충분히 자라기 어렵습니다.

알고리즘이 빼앗아 간 사색과 지루함

AI는 '처리'하고, 인간은 '사색'합니다. AI는 1초에 수십억 개의 정보를 처리할 수는 있지만 멍하니 숲을 바라보며 바람의 소리를 느끼거나, 지루함을 견디다 못해 기발한 장난을 떠올리는 일은 오직 인간만이 할 수 있습니다. 그러나 지나친 디지털 자극은 이 귀한 사색의 시간을 조용히 빼앗아 갑니다. 뇌과학자들은 이를 '팝콘 브레인'Popcorn brain이라고 부릅니다. 강렬한 자극에는 즉각 반응하지만 느리고 지루한 현실의 자극에는 무기력해지는 상태를 말하지요. 우리 아이가 도구로 활용해야 할 AI는 지치지 않고 정보를 처리합니다. 아이가 스마트폰을 보며 멍하니 있는 시간이 가장 위험한 순간일지도 모릅니다. 최첨단의 기기를 쥐고 있는 그때, 아이의 뇌는 가장 원시적인 상태로 퇴보하고 있는 셈이니까요.

이 과정에서 가장 먼저 사라지는 것이 바로 '지루함'입니다. 그러나 지루함은 아이에게 허락된 최고의 축복이기도 합니다. 창의성은 언제 자라날까요? 바로 '심심해 죽겠을 때'입니다. 장난감이 없어서 휴지 심으로 놀고, 볼 영상이 없어서 종이접기나 그림자놀이를 시작할 때, 아이의 뇌는 비로소 '생각의 스위치'를 켭니다. 스스로 재미를 만들어 내기 위해 상상력을 총동원하기 시작하는 것이지요. 아이가 "엄마, 심심해"라고 말할 때

반사적으로 스마트폰을 쥐여 주지 마세요. 그 순간이 바로 아이의 뇌가 깨어날 기회라고 여기셔야 합니다. "심심하구나! 우리 심심한데 재미있는 게임 하나 만들어 볼까?"라고 받아쳐 주는 건 어떨까요?

멈춰 서서 생각하는 힘을 키우는 환경

최근 학교에서는 AI 기반 플랫폼을 활용해 공동 작업을 하거나 의견을 나누고 창의적인 결과를 만들어 내는 수업이 점점 늘고 있습니다. 실제로 3학년 담임을 맡고 있는 G 선생님 학급에서는 '북크리에이터'Book Creator와 '캔바'Canva로 '아이 작가 만들기 프로젝트'를 진행했다고 합니다. AI를 활용해서 동화책을 만들고 완성한 책을 가지고 출판기념회와 사인회까지 열었다고 해요. 이렇듯 더 중요한 문제는 디지털 환경을 피하는 것이 아니라, 어떻게 다루느냐가 되었습니다. 이때 유념할 것은 수동적 시청을 '능동적 탐구'로 바꾸는 것입니다. 영상을 다 본 뒤에는 "방금 본 것 중에 뭐가 제일 기억에 남아?", "만약 네가 주인공이면 어떻게 했을 것 같아?"라고 질문해 주세요. '보는' 행위를 '생각하는' 행위로 바꾸는 작은 전환점이 될 것입니다.

또 하루에 20분이라도 아무것도 하지 않는 시간, 이른바 '멍

때리는 시간'을 의도적으로 만들어 주세요. 아이가 화면을 끄고 잠시 멍하니 창밖을 보게 하거나, 책을 읽다가 잠시 덮고 생각에 잠기게 해 주세요. 아무것도 하지 않는 그 시간이야말로 뇌가 정보를 정리하고 창의성을 발휘하는 인큐베이터가 됩니다. 들어오는 자극을 멈추고 머릿속 생각에 몰입하는 그 정적의 시간, 그 시간이 AI는 절대 넘볼 수 없는 단단한 내면을 가진 아이로 자라나게 할 것입니다.

AI 시대, 우리 아이의 경쟁력은 정보를 얼마나 빨리 습득하느냐가 아니라, 정보의 홍수 속에 잠시 멈춰 서서 생각할 수 있느냐에 달려 있습니다. 화면 속 세상은 화려하고 빠르지만, 그 안에는 '나'가 없습니다. 아이가 자극을 내려놓고 조용히 생각에 잠길 수 있는 시간, 그 정적인 순간들이 쌓여 AI는 넘볼 수 없는 단단한 사고력을 만들어 줄 것입니다.

부모의 불안이
아이의 생각을 막는다

여러분은 혹시 자녀의 하루 일과를 생각해 본 적이 있나요? 아침에 일어나 유치원이나 학교에 가고, 방과 후 활동을 하고, 학원이나 과외를 다녀온 뒤 숙제를 하다가 지쳐 잠드는 하루. 저 역시 아이를 키우던 시절에는 이런 일상이 그저 당연하다고 여겼습니다. 남들도 다 그렇게 사니까요.

그런데 아이들을 다 키운 지금, 요즘 젊은 부모들과 상담을 하며 아이들의 입장에서 다시 바라보게 됩니다. 대부분의 부모들은 아이가 또래보다 조금이라도 느리다고 생각할수록 더 많은 것을 시키려고 합니다.

"아이가 뒤처지니까 빨리 따라잡아야 해요."

"우리 아이는 발달이 늦어서 더 많이 가르쳐야 해요."

"언어도 수학도 운동도 미술도 음악도 다 필요해요."

이렇게 빼곡한 하루 속에서 아이가 스스로 생각하고 느끼고 선택할 틈은 과연 얼마나 남아 있을까요? 아이는 그저 다음 일정으로 옮겨 다닐 뿐, 자신의 생각으로 하루를 살아갈 여백을 거의 갖지 못합니다. 그럴 때마다 저는 부모님께 조심스럽게 말씀드립니다. "아이의 발달 속도에 따라 천천히 기다려 주세요. 너무 많이 시키지 않아도 괜찮으니 아이의 잠재력을 믿어 주세요." 그러나 불안에 사로잡힌 마음은 쉽게 진정되지 않습니다.

불안을 내려놓았을 때 나타난 변화

초등학교 1학년 서진이와 다섯 살 터울의 동생을 키우는 두 아들의 엄마를 인터뷰한 적이 있습니다. 서진이가 초등학교에 들어가기 전 6개월 동안, 모든 사교육을 중단하고 가정에서 지낸 경험을 들려주었지요. 영어유치원과 태권도, 미술학원까지 모두 그만두고 온종일 집에서 아이와 시간을 보냈다고 합니다.

시간이 생기자 아이는 자연스럽게 책에 관심을 갖기 시작했고, 베란다에서 식물을 키우며 관찰하기 시작했습니다. 동생과도 더 자주 놀며 관계가 깊어졌지요. 무엇이 그렇게 재미있는지 둘이 까르르 웃으며 장난을 치는 모습만 봐도 엄마는 충분히 행복했다고 합니다.

아이에게 여유가 생기자 변화는 더 확실해졌습니다. 주변 사물과 현상에 호기심을 가지고 질문을 많이 하기 시작한 겁니다. 가령 "엄마, 배는 무거운데 어떻게 물에서 떠요?", "무지개는 왜 색이 이렇게 많아요?"라고요. 아이의 질문은 점점 더 많아졌고, 엄마는 그때마다 정답을 알려주기보다는 이렇게 되물었다고 합니다. "서진이는 그렇게 생각했구나? 왜 그런 생각이 들었어?" 그러면 아이는 자신의 생각을 술술 풀어냈다고 합니다. 그 6개월 동안 서진이네 가족은 강릉으로 기차 여행도 다녀오고, 도시락을 싸서 과학관에 가기도 했습니다. 어떤 날은 하루 종일 집에서 뒹굴며 아무것도 하지 않기도 했고요. 서진이 엄마는 그 시간들이 꿈처럼 느껴졌다고 말했습니다.

이 이야기를 들으며 이렇게 반문하실 수도 있습니다. "6개월이나 가정 보육이라니, 그건 가능한 집 이야기죠. 우리는 맞벌이라 그런 여유가 없어요." 저 역시 모든 부모에게 가정 보육을 권하거나 사교육을 중단하라 권하는 것이 아닙니다. 핵심은 부모가 불안을 조금 내려놓고 아이를 믿으며 생각할 수 있는 틈과 여유를 의도적으로 남겨 주는 데 있지요.

많은 부모를 만나 보니 부모의 불안이 클수록 아이의 하루가 매우 촘촘하게 짜여져 있더군요. 놀이 시간마저 어른이 개입해 무엇을 가지고 어떻게 놀아야 하는지까지 미리 정해줍니다. "오늘은 이걸 하고 놀아야 해", "지금 이거 하는 시간이 아니잖아" 하고 말입니다. 하지만 아이는 원래 놀이 속에서 스스로 규칙을 만들고 갈등을 겪고 문제를 해결하며 자랍니다. 주도적으로 놀아본 아이만이 생각하는 힘과 문제해결력을 기를 수 있습니다. 모든 것을 정해 준 상태에서 아이가 주도적으로 자라기를 기대하는 것은, 씨앗을 화분에 가두고 큰 나무가 되길 바라는 것과 다르지 않습니다.

부모의 불안이 아이의 생각을 막는 방식

제가 작가님들과 함께 전국을 돌며 진행하는 〈불안한 콘서트〉에서 부모들을 만나 보면, 고민의 핵심은 거의 비슷합니다.

"내 아이가 내가 생각한 대로 크지 않으면 어쩌죠?"
"내가 부족해서 아이의 가능성을 막고 있는 건 아니겠죠?"

아이러니하게도 바로 그 불안이 아이의 생각을 막고 있다는 사실을 말씀드리면 많은 분이 놀랍니다. 자신은 그저 아이가 잘되라고 최선을 다했을 뿐인데 하고 억울함을 토로하는 분들도 있지요. 부모의 불안은 주로 세 가지 방식으로 아이에게 영향을 줍니다.

첫째, 정서적 전이입니다. 부모의 불안은 아이에게 그대로 전달되어, 아이가 편안하게 생각하고 생활할 수 있는 정서적 안정감을 빼앗습니다. 둘째, 너무 빽빽한 일정입니다. 불안한 부모는 아이의 하루를 너무 촘촘하게 계획합니다. 여유 없는 하루 속에서 아이는 스스로 생각할 틈을 잃고 점점 무기력해집니다. 셋째, 과도한 통제입니다. 아이의 고유한 성향보다 부모의 기준이 앞설 때 아이는 도전하기보다 위축되고 실수를 두려워하게 됩니다.

이 악순환은 부모가 먼저 끊어야 합니다. 저 역시 두 딸을 키우며 불안과 걱정이 극에 딜했던 시기기 있었습니다. 그 불안을 잡고 있을수록 제 마음은 더 힘들어졌고, 아이들에게도 그 긴장이 고스란히 전해졌습니다. 이후 불안을 내려놓기 시작하자 비로소 제 마음이 편해졌고 아이들도 자기 속도에 맞춰 삶을 살아가기 시작했습니다.

아이의 생각은 부모가 한 발 물러설 때 자랍니다. 아이를 독립된 존재로 인정하고 잘 해낼 수 있다고 믿어 줄 때 아이는 스스로 생각하며 삶을 꾸려 나갈 힘을 얻게 됩니다. 아이를 돕고 싶다면, 더 많은 것을 시키기에 앞서 먼저 부모의 불안을 내려놓으세요. 그 보이지 않는 선택이 아이의 생각을 살리는 가장 강력한 환경이 됩니다.

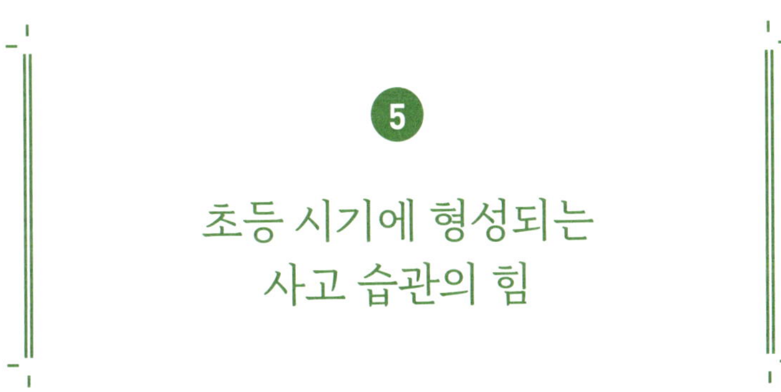

동화 『미야옹 마음 분식점』(지구별아이)으로 유명한 주미 작가와 그녀의 어머니를 인터뷰한 적이 있습니다. 각종 공모에 열세 번이나 당선된 주미 작가의 동화에는 무궁무진한 상상력과 창의력이 숨어 있는데요. 그 원천이 무엇인지 궁금해 그녀의 어린 시절 이야기를 여쭈어 보았습니다.

"저는 초등학교 때부터 예능 프로그램을 좋아했어요. TV를 보면서 '내가 만약 PD라면 이 사람을 투입해서 이렇게 했을 텐데' 하고 혼자 분석하곤 했어요."

초등학교 4학년 아이가 예능 프로그램을 보며 분석하고 대안을 떠올렸다는 말에 적잖이 놀랐습니다. 저는 그저 재미있게 보기만 했거든요. 그래서 작가의 어머님께 당시 상황을 여쭈었습니다.

"주미는 어릴 때부터 한 가지에 깊이 빠져서 몰입하는 끈기와 투지가 있었어요. 책을 특별히 많이 읽지는 않았지만, 생각을 아주 깊이 있게 하고 탐구하는 습관만은 남달랐지요."

사고 습관의 골든타임

그렇게 깊이 생각하고 탐구할 수 있었던 비결이 무엇인지 궁금해 다시 작가에게 물었습니다.

"그 비결은 억압받지 않고 자란 거예요. 부모님은 제가 재미있어하는 것, 하고 싶어 하는 것을 마음껏 할 수 있도록 해 주셨어요. 어릴 때 호기심을 가지고 많이 상상하며 탐구한 경험이 지금 동화를 쓰는 데 큰 도움이 되고 있어요."

초등 시기는 생각하는 습관이 본격적으로 형성되기 시작하는 때입니다. 이때 아이가 자유롭게 몰입하고 탐구할 수 있는 경험을 해 보았는지에 따라, 생각을 대하는 태도 자체가 달라집니다. 학교에서 살펴보면 생각하기를 회피하는 아이들은 종종 이런저런 핑계로 질문을 피해 갑니다. 바로 이 시기가 사고 습관을 형성해 주어야 할 때입니다.

주미 작가의 어머님은 자녀를 양육할 당시 열 권이 넘는 '유태인 교육' 관련 책을 읽으며 부모의 역할을 연구하고 실천했다고 합니다. 그중 가장 효과적이었던 방법은 늘 아이에게 긍정적인 말을 건네는 것이었다고 해요. 특히 '문제를 문제로 인식하지 않으면 아무 문제가 없다'라는 말을 입버릇처럼 했다고 합니다. 이 말은 아이가 안정된 정서 속에서 상황을 바라보고 생각하는 힘을 기르는 데 큰 역할을 했습니다.

친구와의 다툼으로 힘들어할 때도 "그 일이 네 몫인지, 친구의 몫인지 한번 생각해 볼까?" 하고 질문을 던졌다고 합니다. 그러면 아이는 스스로 생각한 뒤 "그건 세가 속상해할 일이 아닌 것 같아요. 친구의 몫인 것 같아요"라고 말하며 마음을 정리했다고 해요. 이렇게 어릴 때부터 상황을 한 발 떨어져서 바라보는 사고방식이 반복되며, 단단한 생각 근육을 만들고 단련해 간 것이지요.

긍정적 언어가 만든 사고의 틀

학교에서 아이들을 관찰하다 보면 평소 생각이 깊은 아이와 그렇지 못한 아이는 분명한 차이를 보입니다. 생각하지 않는 아이는 하루를 그저 흘러가듯 따라가며 생활합니다. 심한 경우 종일 멍하게 있다가 가는 아이도 있습니다. 반면 생각하는 아이는 주도적으로 의견을 내고, 문제의 해결책을 찾으며, 갈등 상황이 생기면 중재자 역할도 기꺼이 맡습니다.

이런 아이들은 부모님 역시 공통점이 있습니다. 아이의 생각을 자극하는 질문을 자주 하고, 아이의 의견을 존중해 준다는 것이지요. 이들은 아이가 아주 어렸을 때부터 의견을 물어보고, 해결책을 함께 고민하며, 행동에 대해 칭찬과 지지를 아끼지 않습니다.

반대로 하루 종일 멍하게 지내는 아이의 부모와 상담해 보면, 부모의 관심과 기대에 비해 정작 아이와 함께 하는 시간과 대화는 부족한 경우가 많습니다. 바쁜 일상에서 부모와 아이가 각자 직장, 학교, 학원 쳇바퀴를 돌다가 집에 오면 별다른 대화 없이 지쳐 잠드는 것이 태반일 거예요. 이해가 안 되는 것은 아니지만, 아이들이 원하는 것은 많은 시간이 아닙니다. 짧은 시간이라도 눈을 맞추고 생각을 물어봐 주고 지금의 기분과 필요를 살펴봐 주는 것이면 충분하지요. 아이가 정서적으로 안정되고 안전하다고 느낄 때 비로소 생각은 깊어지고 몰입이 시작됩니다. 생존의 불안 속에서는 누구도 깊이 생각할 수 없습니다.

주미 작가의 어머님은 힘든 상황에서도 긍정적인 태도를 유지하려고 애썼다고 합니다. 지금보다 더 어려운 상황을 떠올리며 현재에 감사하는 마음을 잃지 않았지요. 이런 사고방식은 아이에게 그대로 전해졌고, 주미 작가는 힘든 순간마다 어머니의 사고방식을 떠올리며 삶을 헤쳐 나갔다고 합니다.

초등 시기부터 형성된 사고 습관은 평생 가져갈 삶의 태도가 됩니다. 부모가 아이를 믿고, 안전한 환경 속에서 스스로 생각할 수 있도록 도와줄 때 아이의 사고는 자연스럽게 자라고 확장됩니다.

요즘 아이들의 생각은 다르게 자란다

1

요즘 아이들의 생각이
자라는 방식

대전의 모 대학이 주최한 창업경진대회에서 2년 연속 상을 받은 중학교 2학년 조카 승현이와 대화를 나눈 적이 있습니다. 승현이는 목표가 생기면 계획을 세우고 자료를 수집해 탐구한 뒤 발표까지 이어가는 능력이 뛰어났습니다. AI 시대에 꼭 필요한 역량을 이미 충분히 갖춘 아이처럼 보였지요. 승현이에게 또래 친구들의 생각하는 습관에 대해 물어본 적이 있는데, 이런 답이 돌아왔습니다.

"궁금한 게 생기면 깊이 생각하려 하기보다 대충 찾아보거나

AI 도구를 이용하는 친구들이 많아요. 한 문제를 오래 붙잡고 고민하는 연습이 잘 되지 않아 집중력도 약한 것 같아요. 학교 활동이나 수행평가에 오픈북이나 AI를 허용하는 경우도 많아서 그런 것 같아요."

동시에 승현이는 요즘 아이들이 가진 강점도 함께 이야기해 주었습니다. 문제가 생기면 인터넷이나 유튜브를 활용해 필요한 정보를 빠르게 찾아내고, 수많은 정보 사이에서 핵심을 추려내는 능력이 뛰어나다는 것이지요. 모두가 같은 방식은 아니어도 서로 토론하며 깊이 생각해 해결하는 친구들도 분명 있다고 했습니다.

요즘 아이들의 네 가지 생각 방식

승현이의 이야기를 들으며 한 가지 사실을 깨달았습니다. 과거의 우리가 익숙했던 사고방식으로 요즘 아이들을 바라보면 안 되겠다는 것이었지요. 어쩌면 아이들의 생각은 사라진 것이 아니라, 자라는 환경이 달라졌을 뿐인지도 모릅니다. 그러니 요즘 아이들의 사고 환경을 이해하는 것이 우선되어야 합니다. 요즘 아이들의 생각하는 방식을 살피면 몇 가지 특징이 보입니다.

첫째, 깊이 생각하기보다는 디지털을 기반으로 빠르고 짧게 생각하는 데 익숙합니다. 문제가 생기면 바로 검색하거나 추천을 받아 정보를 얻고, 책보다는 유튜브나 AI를 활용하는 것이 보편적이지요. 단순하게 답을 찾는 데만 집중하고, 자신이 원하는 해결책이 아니면 빠르게 다른 선택지로 갈아탑니다. 이처럼 빠른 답에 익숙해질수록 아이들이 생각의 과정을 경험할 기회는 점점 줄어듭니다.

둘째, 재미있거나 자신에게 의미 있는 것에만 반응하는 경향이 있습니다. 학교에서 아이들을 관찰하면 왜 해야 하는지가 분명할 경우 몰입이 빠르지만 그렇지 않은 경우 쉽게 흥미를 잃는 것이 보입니다. 또 공정성, 형평성에 대해 관심이 많고, 규칙이 일관되지 않다고 느끼면 선생님께 항의하기도 하지요. 자신의 권리에 아주 민감하게 반응합니다. 가끔 전교생을 대상으로 수업을 할 때 아이들이 자신의 권리를 주장하거나 따지고 들면 당황스러우면서도 한편으로는 너무 똑똑해서 놀랄 때가 있습니다.

셋째, 평가와 비교에 많이 노출되면서 정서적으로 쉽게 흔들리고 자기 조절을 어려워하는 모습도 보입니다. 외모나 인기에도 민감하고, 심지어 게임 실력이나 SNS의 구독, 좋아요 숫자에도 영향을 많이 받아 학년이 올라갈수록 평가나 평판에 예민하게 반응합니다. 실패를 회피하는 아이들도 많아요. 감정이 불안정할수록 깊이 있는 사고는 어려워집니다.

넷째, 다양한 멀티미디어 환경에 노출되어 있어 주의 전환이 잦습니다. 너무 많은 디지털 매체를 사용하다 보니 한 가지에 오래 몰입하는 경험이 부족해지고 있습니다.

이처럼 요즘 아이들의 생각 방식은 환경에 따라 달라졌지만, 문제는 생각이 사라진 것이 아니라 특정 사고 활동이 약해졌다는 데 있습니다. 다음으로는 아이들이 특히 어려워하는 사고 활동을 구체적으로 살펴보겠습니다.

요즘 아이들이 어려워하는 다섯 가지 사고 활동

첫째, 스스로 생각하고 질문하는 힘이 약해졌습니다. 호기심이 생겨도 깊이 생각하지 않고 생성형 AI나 검색 도구에 의존하는 경우가 많습니다. 그런 이유로 요즘 아이들은 머릿속으로 생각하고 처리하는 것을 어려워합니다. 우리가 계산기를 쓰게 되면서 암산을 하지 않게 되었던 것, 네비게이션에 의존하게 되면서 지도나 표지판 보는 법을 잊게 된 것과 비슷한 맥락

48

으로 생각하면 이해가 쉽습니다.

둘째, 다양한 방법으로 해답을 찾는 것을 힘들어합니다. 문제가 생기면 정답을 빠르게 찾으려고만 하고, 여러 시도를 하며 고민하는 과정을 부담스러워합니다. 문제를 끝까지 붙잡고 고민하며 몰입해 본 경험은 이후 삶에서 중요한 성공의 자산이 될 텐데 이 과정을 되도록 경험하지 않으려고 하는 거지요.

셋째, 무無에서 유有를 만들어 내는 생산적 사고 활동을 어려워합니다. 요즘 아이들에게 백지에 주제만 주고 글을 쓰게 하거나 정답이 없는 질문에 의견을 말하라고 하면 멍해지는 경우가 많습니다. 한 번은 시 쓰기 수업 시간이었는데, 학생에게 생각을 묻자 대답 없이 빤히 쳐다만 보고 있어서 저도 당황한 적이 있어요. AI와 디지털 기기가 늘 출발점이 되어 주다 보니 첫 생각과 첫 문장을 꺼내 본 경험이 부족하기 때문에 생긴 일입니다.

넷째, 스스로 판단하고 결정하는 것을 힘들어합니다. 사소한 결정도 스스로 내리지 못하고 부모님께 전화를 걸어 "엄마, 나 ○○해도 돼?" 하고 확인하는 경우가 많아요. 이는 곧 아이가 스스로 결정하고 수정해 볼 기회를 충분히 갖지 못했다는 신호이기도 합니다.

다섯째, 생각을 말로 정리하고 설명하는 것을 어려워합니다. 아주 단편적인 표현은 가능하지만 생각을 구조화하고 그 이유를 설명하는 데 어려움을 겪습니다. 글의 개요 짜기, 생각을 순서대로 배열하기, 중요한 것과 덜 중요한 것을 구분하는 일도 힘들어하지요. 디지털 환경은 결과 중심, 클릭 중심이라 과정에 대한 이해를 요구하지 않기 때문입니다. 그래서 아이에게 생각과 이유를 말로 표현하도록 돕는 것은 사고를 한 단계 더 깊이 확장시키는 중요한 사고 훈련입니다.

요즘 아이들의 사고방식과 어려움을 살펴보면, 아이들 자체의 문제가 아니라 환경의 변화에서 비롯된 부분이 크다는 것을 알 수 있습니다. 그렇기에 지금 필요한 것은 아이를 다그치거나 비교하는 일이 아니라, 아이의 현재 상태를 이해하고 부족한 경험을 채워 주는 일입니다.

내 아이가 어떤 사고 활동을 어려워하는지 살펴보고, 질문할 기회를 주고, 고민할 시간을 허락한다면 충분히 보완할 수 있습니다. 아이의 생각은 여전히 자라고 있고, 방향만 잘 잡아 주면 AI 시대에도 흔들리지 않는 힘으로 이어질 수 있어요.

2

질문이 없는 아이와
질문이 많은 아이의 결정적 차이

최근 몇 년 사이 학교 현장에는 꽤 많은 변화가 생겼습니다. 교육부와 각 시도교육청은 '질문 있는 교실'을 중요한 정책 방향으로 삼고 있으며, 이와 관련해 질문대회나 축제 같은 행사도 늘어났습니다. 제가 근무하는 학교에서도 아이들이 자발적으로 질문하고 토론할 수 있는 환경을 만들어 주기 위해 질문 노트를 쓰게 하고, '질문.net' 같은 플랫폼을 활용해 질문 역량을 키우려 애쓰고 있습니다. 질문하는 능력이 중요하지 않았던 적은 없지만, 이 능력은 최근 들어 더 두드러지게 강조되고 있습니다. 생성형 AI가 일상이 된 환경에서는 '무엇을 묻느냐'가

곧 사고력의 수준과 연결되기 때문입니다.

하지만 학교에서 질문을 장려한 것과는 다르게 정작 가정에서는 '우리 아이는 질문을 안 해요', '집에만 오면 말문을 닫아버려요'라고 걱정하는 부모들이 많습니다. 물론 질문의 많고 적음이 아이의 능력을 가르는 기준은 아닙니다. 그럼에도 불구하고 학교에서 아이들을 지켜보면, 질문을 대하는 태도에 따라 사고의 결이 다르다는 것을 느낄 수 있습니다. 그래서 저는 질문이 없는 아이와 질문이 많은 아이의 차이를 한번 정리해 보고 싶었습니다.

질문을 막는 마음, 질문을 여는 경험

질문이 없는 아이는 호기심이 전혀 없는 아이가 아니라, 질문을 하는 것에 심리적 장벽이 있는 경우가 많습니다. 질문을 통해 내가 무언가를 모른다는 사실이 드러날까 두렵거나, 틀린 질문을 했을 때 부정적인 평가를 받을까 봐 입을 닫아 버리기도 하지요. 과거에 질문을 했다가 비웃음을 당했거나 "그런 것도 몰라?"라는 말을 들었다면, 이후로는 자연스럽게 질문을 피하게 됩니다. 또 어떤 아이들은 수업이나 대화에 충분히 집중하지 못해 질문할 만큼 생각이 깊어지지 않은 경우도 있습

[질문을 막는 환경 vs 질문을 여는 환경]

	질문을 막는 환경	질문을 여는 환경
분위기	틀리면 평가받는 느낌	틀려도 괜찮은 안전감
질문의 의미	공부, 정답 찾기 위주	놀이나 탐색 위주
부모의 반응	"그건 당연하지."	"좋은 질문이네. 왜 그렇게 생각했어?"
사고의 흐름	생각이 멈춘다.	생각이 이어진다.
아이의 반응	질문 회피	질문 확장

니다. 제대로 듣질 않았으니 마땅한 질문이 떠오르지 않는 겁니다.

반대로 질문이 많은 아이는 타고난 성향도 있지만, 대부분 질문이 허용되고 환영받는 환경에서 자란 경우가 많습니다. 이 아이들은 궁금한 것을 적극적으로 질문하는 일을 부끄러운 것이 아니라 배움의 과정으로 여겨요. 질문을 했을 때 돌아오는 피드백을 두려워하지 않고, 그 과정에서 무언가를 배우려 합니다. 이들은 자라면서 '왜 그렇게 생각해?', '궁금한 게 뭐야?' 같은 질문을 자주 들어본 아이들입니다. 자신의 말을 끝까지 들어주는 어른이 곁에 있었고, 질문을 통해 답을 바로 얻기보다는 다시 생각하게 만드는 대화의 경험이 있는 아이들이지요. 그래서 질문이 많은 아이는 단순히 말을 많이 하거나 적극적인 성격을 가진 아이가 아니라, 생각을 계속 이어가는 아이인 경우가 많습니다.

☑ 우리 집은 질문을 여는 환경인가요?

아래 문항 중 3개 이상 체크했다면, 이미 질문을 여는 환경을 만들어가고 있다는 뜻입니다. 2개 이하라 하더라도 걱정할 필요는 없습니다. 중요한 것은 점수가 아니라, 지금부터 무엇을 바꿀 것인가입니다. 오늘 한 문장만 달라져도 질문의 분위기는 달라집니다.

☐ 아이의 질문에 즉각 정답을 말해주기보다는 다시 묻는다.

☐ 사소한 질문에도 긍정적 반응을 한다.

☐ 일상 속 대화를 놀이처럼 즐긴다.

☐ 아이가 말할 때 끝까지 듣는다.

☐ 생각을 정리하도록 단계별 질문을 던진다.

질문을 즐기는 아이를 만드는 환경

그러나 아이가 질문을 하지 않는다고 해서 생각이 없거나 무기력한 아이라고 단정 지어서는 안 됩니다. 그 아이만의 기질이나 특성이 분명 존재하기 때문이지요. 다만 AI 시대에 질문하는 힘이 점점 더 중요한 역량이 되어가는 만큼, 아이가 자신의 생각을 잘 표현하고 호기심과 상상력을 바탕으로 질문할 수 있도록 돕는 것이 부모의 중요한 역할이라는 것을 잊지 않기를 당부합니다.

그렇다면 질문이 적은 아이와 질문이 많은 아이의 결정적인 차이는 무엇일까요? 바로 부모나 교육자가 질문을 편하게 할 수 있고, 또 즐길 수 있는 환경을 만들어 주었는가입니다. 질문을 자연스럽게 하고 즐기는 아이는 대체로 다음과 같은 환경에서 자라났습니다.

첫째, 질문이 '공부'가 아니라 '놀이'가 되는 환경입니다. 부모와 함께 대화를 나누는 과정에서 자연스럽게 질문이 오가고, 그것 자체를 즐기는 경험이 쌓인 경우이지요. 예를 들어 동화책을 읽으면서 "이 장면에서 네가 주인공이라면 어땠을까?" 같은 질문을 주고 받거나, 게임을 하면서 캐릭터에 대해 서로 질문을 던져 보는 것도 좋아요. 아이가 관심 있어 하는 주제에 대해 가볍게 이야기를 나누고 궁금한 점을 함께 탐색하다 보면,

질문 잘하는 아이는 타고나는 것이 아닙니다. 다음의 4단계가 쌓일 때 자연스럽게 자라납니다.

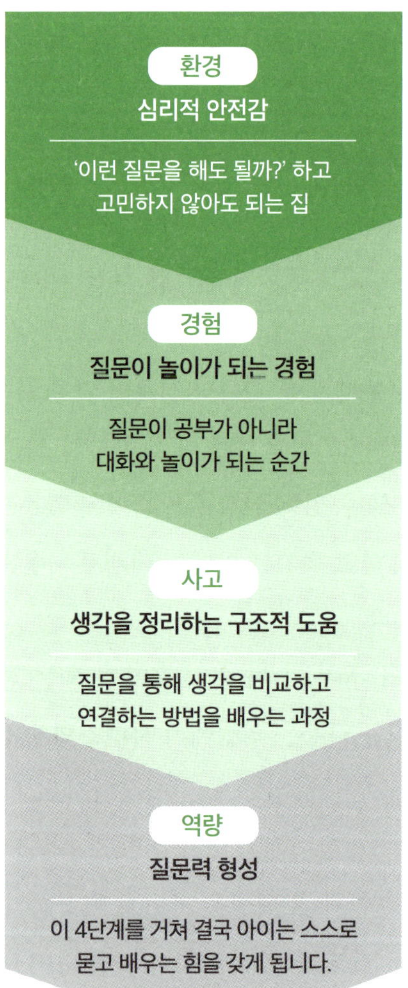

아이는 질문을 부담이 아닌 즐거운 놀이로 받아들이게 됩니다. 마트에 갈 때, 요리를 할 때, 산책을 할 때처럼 일상의 장면 하나하나가 아이와 대화를 나누고 질문을 주고받는 자연스러운 배움의 장이 되는 것이지요.

둘째, 아이의 질문이 존중받고 격려받는 환경입니다. 아이가 사소한 질문을 던졌을 때 "정말 좋은 질문이네. 어떻게 그런 생각을 다 했어?"라고 진심으로 반응하는 경험이 반복되면 아이는 자꾸만 질문하고 싶어집니다. 여기서 멈추지 않고 "그럼 또 어떤 게 궁금해?" 하고 한 단계 더 깊이 있는 질문으로 이끌어 주면 아이의 사고가 함께 확장되지요. 이런 태도는 단순히 아이를 기분 좋게 만드는 것이 아니라, 아이가 스스로 배우는 주체로 성장하도록 돕는 중요한 토대가 됩니다. [2022 개정 교육과정]에서 강조하는, 삶과 연계된 깊이 있는 학습과도 자연스럽게 맞닿아 있습니다.

셋째, 아이가 자신의 생각을 정리하고 표현할 수 있도록 구조적으로 도와주는 환경입니다. 아이들은 자신의 생각을 머릿속에서 정리하고 말로 꺼내는 데 서툴 수 있어요. 그럴 때 부모가 단계별로 질문을 던지며 생각의 틀을 잡아 주고, 아이가 자신의 생각을 차분히 정리해 말이나 글로 표현하도록 돕는 과정이 필요합니다. 제가 과학 토론대회에 나가는 학생들을 지도했을 때도 비슷한 경험을 했어요. 처음에는 아이들이 무엇을 어떻게 말해야 할지 몰라 머뭇거렸는데, 질문을 통해 생각을 정리하는 단계별 방법을 함께 연습하자 "처음엔 생각을 어떻게 이야기해야 할지 잘 몰랐는데, 이제는 좀 정리해서 말할 수 있을 것 같아요"라고 하더라고요. 이런 경험이 쌓이면 아이는 질문을 던질 용기뿐만 아니라, 자신의 생각을 말로 풀어내는 힘도 함께 기르게 됩니다.

[생각 정리를 돕는 단계별 질문]

단계	구분	질문
1	성찰하기	지금 무엇이 문제일까?
2	펼쳐보기	알고 있는 것과 모르고 있는 것은 무엇일까?
3	나누기	중요한 것 무엇일까?
4	선택하기	우선순위는 무엇이고 어떤 것을 선택할까?
5	실천 다짐하기	어떻게 실천할까?

아이들이 자발적으로 질문하고 토론한다는 것은 이미 교육이 잘 이루어지고 있다는 신호입니다. 질문을 통해 문제를 탐색하고, 질문을 통해 자신의 생각을 돌아보게 하는 힘이 바로 '질문력'이지요. AI 시대에 더욱 중요해진 질문력을 키우기 위해, 먼저 여러분의 아이가 질문을 즐기고 있는지 한 번 관찰해 보면 어떨까요? 만약 그렇지 않다면 아이가 질문을 안심하고 꺼낼 수 있는 환경부터 조금씩 만들어 보면 좋겠습니다.

3

실패를 두려워하는 아이가
왜 이렇게 많아졌을까?

한 강의장에서 만난 엄마가 걱정이 가득한 표정으로 제게 질문을 했습니다.

"우리 아들은 초등학교 3학년인데 도통 무엇이든 하질 않아서 속상해 죽겠어요. 담임 선생님 말씀에 의하면 학교에서도 친구들에게 말 한마디 건네지 않고, 멍하게 있는 모습이 답답할 정도라네요. 어떻게 하면 아이가 적극적으로 도전하고 활발하게 생활하도록 도울 수 있을까요?"

그 마음이 충분히 이해가 갔습니다. 부모 입장에서 보면 답답하고 속이 타들어 갈 수밖에 없거든요. 물론 이 짧은 질문만으로 아이의 모든 상황을 예측하거나 즉답을 할 수는 없습니다. 다만 요즘 아이들에게서 자주 보이는 공통적인 패턴과 그 배경을 차분히 짚어볼 필요는 있을 것 같아요.

요즘 아이들은 실패의 두려움을 유난히 크게 느낍니다. 그래서 완벽하게 해낼 자신이 없으면 아예 시도 자체를 피하려는 경향이 있어요. 정보가 넘쳐나는 시대이다 보니 부모는 아이의 상태를 더 쉽게 판단해 비교하게 되고, 아이는 자신이 끊임없이 평가받고 있다고 느낍니다. 여기에 더해 부모가 아이의 많은 일을 대신해 주다 보니, 아이는 스스로 실패하고 다시 일어서는 경험을 충분히 하지 못한 채 자라게 되지요.

아이의 행동이나 생활 패턴을 가만히 들여다 보면 그동안 부모가 어떤 방식으로 아이를 대해 왔는지가 자연스럽게 드러나는 경우가 많습니다. 학교에서 보이는 아이의 모습만으로도 부모의 양육 태도가 어느 정도 짐작되는 순간들이 있는 것도 사실이에요. 아이가 소극적으로 변하거나 무기력해지는 데에는 대개 여러 가지 이유가 겹쳐 있습니다.

실패를 두려워하게 만드는 환경

그 배경에는 먼저 아이를 둘러싼 평가와 비교의 환경이 있습니다. 우리 사회는 아이의 존재 자체를 온전히 존중하기보다, 눈에 보이는 지표로 판단하는 경우가 많은데요. 특히 시험 점수, 학원 레벨테스트, 수행 평가, 발표와 과제 등 아이를 수치로 평가하는 장치들이 곳곳에 있습니다. 자연스럽게 아이는 과정보다 결과에 더 주목하게 되고, 도전 자체가 평가의 대상이 된다고 느끼게 됩니다. 그러다 보면 새로운 시도는 설렘이 아닌 불안으로 다가오지요. 부모가 의도적으로 비교하지 않으려 해도 이미 사회 구조 자체가 비교를 전제로 하기 때문에 아이는 자신도 모르는 사이 그 흐름 속에 놓이게 됩니다. 행동 하나로 자신의 가치가 깎이는 듯한 경험을 한두 번만 겪어도, 아이는 실패를 두려워할 수밖에 없습니다. 그 결과 '잘 안 될 바에는 아예 하지 않겠다'는 선택을 하게 되는 것이지요.

이뿐만이 아닙니다. 여기에는 아이들이 실패하고 회복할 수 있는 시간이 점점 줄어든 현실도 겹쳐 있습니다. 요즘 아이들의 하루는 여유 없이 빡빡하게 짜여져 있습니다. 학교를 마치면 학원으로 이동하고 집에 돌아오면 다시 숙제를 해야 합니다. 어떤 아이들은 하루 일과 자체가 버겁게 느껴질 정도입니다. 부모 역시 아이의 실패를 쉽게 지켜보지 못합니다. 조금만 막히면 곧바로 정답을 알려 주거나 시행착오를 줄여 주겠다며 지름길을 미리 제시합니다. 그 결과 아이는 스스로 고민하고 잘못을 돌아보고 방법을 바꿔 다시 도전하는 경험을 충분히 누리지 못합니다. 실패가 배움의 과정이 아니라 끝장처럼 느껴지는 이유가 바로 여기에 있습니다. 이때 부모의 불안도 아이에게 고스란히 전해지지요.

우리의 문화 역시 아이들을 조심스럽게 만듭니다. 정답 중심, 시험 중심의 사회에서 아이들은 '내 생각이 틀리면 어떡하지?', '남들과 다른 길을 가면 문제가 되는 거 아냐?' 하는 불안을 품게 됩니다. 그 결과 천천히 생각하고, 틀려도 보고, 또 여러 방법을 시도하는 경험이 줄어드는 것이지요. 그래서 어려운 문제를 만나면 친구와 토론하거나 스스로 고민하기보다, 먼저 AI에게 묻고 즉답을 찾으려 합니다. 한 번의 실수가 놀림이나 소외로 이어질 수 있다는 두려움까지 더해지면서, 아이들은 점점 더 안전한 선택만 하게 됩니다.

아이의 타고난 기질도 중요한 변수입니다. 예민하고 신중한 아이일수록 이런 환경에서 실패의 두려움을 더 크게 느낍니다. 그럴수록 부모는 서두르기보다 마음의 안정감을 먼저 챙겨

줘야 합니다. 아이가 "하기 싫어"라고 말할 때도 그대로 받아들이기보다, 그 속에 숨은 마음을 살펴야 하지요. 정말 하기가 싫은 건지, 실패가 두려운 건지, 자존감을 지키기 위한 방어인지 천천히 헤아릴 필요가 있습니다. 어떤 아이는 아주 작은 실수에도 스스로를 용납하지 못하고 크게 좌절합니다. 저는 자신의 그림이 마음에 들지 않는다며 책상에 머리를 찧으며 울던 아이를 본 적도 있습니다.

AI 시대, 용기 있게 도전하는 태도

그래서 저는 늘 이렇게 생각합니다. 실패를 두려워하지 않고 도전하는 아이로 키우기 위해서는, 어릴 때부터 그런 경험을 허락하는 환경을 만들어 주는 것이 중요하다는 것입니다.

아이는 마음껏 상상하고 생각하고 시도하고 때로는 넘어지고 다시 일어서기를 반복하면서 주체적으로 살아갈 준비를 합니다. 어릴 때의 생각과 정서는 생각보다 오래 남습니다. 실패를 피하는 습관은 성인이 되어서도 쉽게 사라지지 않아요. 하지만 어릴 때부터 도전하고 회복해 본 경험은 아이의 마음을 단단하게 만듭니다.

우리 아이가 살아갈 미래는 이미 AI와 함께하는 시대입니

다. 그렇기에 아이는 더 유연하고 용기 있게 도전할 수 있어야
합니다. 아이가 그런 태도를 가질 수 있도록 우리 어른들이 조
금씩 문화를 바꿔 봅시다. 가정에서만큼은 아이가 안전하게
실패하고 다시 씩씩하게 도전할 수 있는 환경을 만들어 주면
좋겠습니다.

4

스스로 해결한 경험이
많은 아이는 흔들리지 않는다

38년 동안 초등학교 현장에서 수많은 아이와 부모를 만나며 '이 아이는 앞으로 삶을 잘 살아가겠구나' 하고 감탄하게 만드는 아이들을 종종 보았습니다. 그 이이들에게서 공통적으로 발견되는 한 가지가 있는데, 바로 어릴 때부터 부모와 함께 집안일을 해 본 경험이 있다는 점이었습니다.

몬테소리교육 전문가로 활동하는 여수진 선생님은 아이가 아주 어릴 때부터 요리 과정에 참여시키고, 화분에 물을 주게 하고, 빨래를 개거나 청소를 돕게 했습니다. 사실 어린아이에게 집안일을 시키면 엄마가 더 힘들어집니다. 요리를 도와준다고 재료를 이리저리 흩어 놓으면 치우는 일이 늘어나고, 운동화를 빨겠다고 욕실을 어지럽히면 정리가 더 번거로워지거든요. 그런데 얼마 전, 여수진 선생님께서 아이들이 어릴 때부터 집안일을 해 온 과정을 사진으로 보내왔습니다. 초등학교 3학년이 된 누나와 일곱 살 남동생이 아주 어릴 때부터 고사리 같은 손으로 화분에 물을 주고, 콩깍지를 까고, 방바닥을 쓰는 사진에서부터 조금 자라서 제법 의젓하게 빨래를 개고, 설거지를 하는 등 자기 몫의 일을 톡톡히 해내는 모습이 담겨 있었습니다. 그 장면이 얼마나 귀엽고 또 감동적이었는지 모릅니다.

이렇게 어릴 때부터 집안일을 경험한 아이들은 작은 성취를 반복하며 스스로에 대한 믿음을 키워 갑니다. 손을 많이 쓰고 몸을 움직이며 생활한 아이들은 소근육과 대근육이 고르게 발달하고, 이는 뇌 발달에도 긍정적인 영향을 줍니다. 그러다 보니 일을 처리하는 능력이 자연스럽게 길러지고, 학교에서도 친구들을 이끌거나 자신 있게 행동하는 모습을 보이곤 합니다. 무엇보다 어려움이나 실패를 만나도 크게 흔들리지 않고, 담담하게 해결책을 찾아갑니다.

'시근 있는 아이'의 비밀

경상도 사투리 중에 '시근이 있다'는 말이 있습니다. 시근이 란 옳고 그름을 가늠하는 사리와 분별력을 뜻하며, 흔히 '철이 들었다'는 말과 비슷하게 쓰입니다. 저는 학교에서 가끔 아주 어린 나이에도 시근이 있는 아이를 만날 때가 있습니다. 그런 아이를 보면 괜히 흐뭇하고 대견한 마음이 들어요. 가끔은 '저 아이는 어떻게 자랐을까?' 하는 궁금증이 생겨, 부모님께 물어 보거나 아이의 생활을 관찰해 본 적도 있습니다. 그 과정에서 알게 된 것은, 이런 아이들 대부분이 어릴 때부터 스스로 문제 를 해결한 경험이 많은 아이라는 사실이었습니다. 물론 타고난 기질도 있겠지만 경험의 힘을 무시할 수는 없습니다.

저 역시 그 사실을 아이들을 키우며 절실히 느꼈습니다. 제 가 30대 후반이었을 무렵 장거리 출퇴근으로 몸이 많이 지쳐 있었던 때입니다. 어느 날 아침, 식탁 위에 접시 하나가 놓여 있 었습니다. 큰딸이 직접 만든 오므라이스였지요. 계란 위에 케 첩으로 하트를 그렸고 그 옆에 작은 카드까지 남겨 두었더군 요. 카드에는 '엄마, 오므라이스 드시고 힘내세요'라는 문구가 적혀 있었습니다. 그때 딸이 초등학교 4학년이었는데 저는 그 순간이 아직도 선명하게 기억이 납니다. 이후로도 딸은 친구 생일이면 집에서 케이크를 직접 만들거나 쿠키를 구워 선물하기도 했습니다. 지금 그 아이는 성인이 되어 결혼을 하고 가정을 꾸렸는데 어릴 때부터 스스로 해 본 경험이 많아서인지 어떤 상황에서도 당황하지 않고 차분히 대처하는 능력이 뛰어납니다. 어려운 일이 생기면 주저하기보다 '어떻게 해결할 수 있을까?'를 먼저 생각하는 모습이 늘 인상적입니다.

그래서 저는 요즘 부모님들께 아이가 어릴 때부터 집안일을 많이 경험하게 하라고 권합니다. 다만 억지로 시키는 것이 아니라 하나의 놀이처럼 느끼며 자연스럽게 참여하도록 유도하는 것이 중요합니다.

어떤 부모는 아이가 돌이 지난 시기부터 요리 과정에 참여시켰습니다. 처음에는 잘라 놓은 재료를 그릇에 담아 보게 하고, 포크나 숟가락을 제자리에 놓는 것부터 시작합니다. 그리고 조금 자라면 직접 요리에 참여할 수 있도록 기회를 주는 거지요. 초등학교 입학 후 학년이 올라가면 스스로 식사를 챙기는 연습도 해야 합니다. 처음부터 혼자 다 할 수는 없으니, 함께 하다가 서서히 아이가 주도하도록 힘을 실어 주는 방식이 좋습니다.

저 역시 장을 보러 갈 때마다 아이를 데리고 다녔습니다. "오늘은 어떤 요리를 할까?", "이 요리를 하려면 어떤 재료가 필요할까?", "양은 어느 정도가 적당할까?"를 함께 의논하고, 아이가 직접 재료를 선택하게 했어요. 그러다 보니 나중에는 장보기부터 요리 준비까지 아이가 책임지고 하는 것이 가능해졌습니다.

집안일처럼 일상의 경험도 중요하지만, 때로는 조금 더 강도 있는 경험도 아이를 단단하게 만듭니다. 제가 알고 지내는 한 작가님은 아이가 네 살이 된 해부터 함께 국내외 오지 여행을 다녔다고 합니다. 숙소도 저렴한 곳에 묵고, 짐을 잃어버린 적도 있으며, 엉뚱한 곳에 내려 숙소를 찾아 헤매기도 하고, 초등학교 6학년 때는 하루에 24킬로미터를 걸은 적도 있었다고 하지요. 그 아이는 이제 대학생이 되었는데, 사춘기도 무난하게 지나갔고 고등학교에서 입시를 준비하는 내내 크게 흔들린 적이 없었다고 합니다. 어릴 때부터 힘든 상황을 겪어 본 덕분인지 '이 정도는 별거 아니지' 하는 마음으로 공부를 하더라고요. 이 이야기는 단순히 고생을 많이 시키라는 뜻이 아닙니다. 스스로 힘듦을 견뎌 본 경험이 마음의 근육을 키운다는 사실을 전하고 싶었습니다.

경험이 만든 흔들리지 않는 힘

스스로 해 본 경험은 아이에게 든든한 버팀목이 됩니다. 어떤 일이 닥쳐도 흔들리지 않는 멘탈을 만들어 줍니다. 그러니 아이가 어릴 때부터 다양한 경험을 할 수 있도록 많은 기회를 주세요.

요즘은 경험조차 외주를 주는 시대가 된 것 같습니다. 바쁘다 보니 과외나 학원에 의존하게 되는 현실도 이해합니다. 다만 그 속에서도 부모가 아이와 함께한 경험이 아이의 마음에 남는 가장 큰 자산이 된다는 점을 기억했으면 합니다.

주어진 여건 안에서 아이에게 줄 수 있는 작은 경험을 고민해 보세요. 꼭 거창할 필요는 없습니다. 오늘 저녁 동네를 산책하며 함께 분리수거를 하고, 배드민턴을 들고 나가 같이 치는 것만으로도 충분합니다. 그러면서 이런저런 이야기를 나누어 보는 거예요. 이런 작은 경험들이 쌓이면 아이의 내면이 단단해집니다.

아이들이 성인이 되어 맞닥뜨릴 세상은 생각보다 냉혹하고 버거울 수 있습니다. 그때마다 부모가 대신 나서서 해결해 줄 수는 없는 노릇이지요. 그러나 어릴 때부터 스스로 문제를 해결해 본 경험이 많은 아이는 쉽게 무너지지 않습니다. 어려움 앞에서도 생각하는 힘을 발휘하고 상황을 가늠하는 분별력을 갖춘, 이른바 '시근 있는 아이'로 자랍니다. 그런 아이는 결국 자기 삶을 스스로 개척해 나갈 힘을 갖게 됩니다.

5

디지털 환경 속
'빨리빨리 학습'이 가져온 문제들

우리 학교의 중간 놀이 시간은 30분입니다. 이 시간이면 아이들은 운동장에 나가 맨발로 뛰어놀거나, 야구 또는 축구를 하거나, 그네와 미끄럼틀을 타며 마음껏 몸을 움직입니다. 서로 이야기를 나누고 웃고 떠드는 모습은 학교의 가장 생기 있는 풍경이지요.

그런데 어느 날, 6학년 아이가 수학 문제집을 들고 조회대 위에 올라가 끙끙거리고 있더군요. 운동장에서 노는 친구들을 보니 놀고는 싶은데, 숙제를 안 하면 학원에서 혼이 날 것 같아 마음이 불안한 듯했습니다. 결국 '에라 모르겠다!' 하고 문제집을 던져 버리고 야구 게임에 합류하더군요. 그 모습을 보면서 저는 한동안 생각에 잠겼습니다. '숙제를 안 한 걸까, 못 한 걸까? 일상이 이렇게 버거우면 이 아이는 언제쯤 한숨을 돌릴 수 있을까?'

저는 아이들에게 여유 시간이 반드시 필요하다고 믿는 사람입니다. 여유가 있어야 마음이 안정되고 창의적인 생각도 떠오르기 때문입니다. 어릴 적 저는 심심할 때마다 빨간 표지의 백과사전을 펼쳐 보며 꼬리에 꼬리를 무는 탐색 놀이를 했고, 밤에는 TV에서 방영하는 〈셜록 홈즈〉 같은 영화를 보며 느긋하게 상상의 나래를 펼쳤습니다.

그런데 요즘 아이들은 학교가 끝나면 학원과 숙제로 일정이 빡빡합니다. 그나마 틈이 나면 게임을 하거나 숏츠를 보지요. 알고리즘은 끊임없이 자극적인 영상을 추천해 주니, 아이들은 조용히 생각에 잠길 시간을 거의 갖지 못합니다. 통학버스를 타는 아이들을 배웅할 때 보면 대부분 고개를 숙인 채 스마트폰만 쳐다보고 있습니다.

여기에 입시 중심 교육은 여전히 '정답'과 '속도'를 강조합니다. 아이들은 이미 정답을 고르는 교육 방식에 익숙해졌고, 선행학습을 통해 빠르게 진도를 나가는 데 길들여져 있습니다. 그래서 왜 그런지를 깊이 따지기보다 정답을 맞히는 데만 집중합니다. 게다가 디지털 학습 도구 역시 버튼을 누르면 바로 평가가 나오고 다음 문제로 넘어가는 구조라, 과정보다는 결과가 중심이 됩니다. 물론 학교에서는 프로젝트 학습이나 탐구 중심 수업을 시도하고 있긴 하지만, 일상의 학습 문화 전반을 살펴보면 여전히 빠름을 요구합니다.

생각을 못하게 만드는 속도의 함정

요즘 아이들은 천천히 기다리는 것을 어려워합니다. "엄마, 이 책 AI한테 3줄로 요약해 달라고 하면 안 돼?", "영상이 너무 길어. 2배속으로 볼래. 어차피 결말만 보면 되잖아"라고 말하지요. 여러분의 자녀는 어떤가요? 팝콘이 튀어 오르듯 즉각적인 자극에만 반응하고, 지루하거나 깊이 있는 생각은 견디지 못하는 뇌가 되어 버리지는 않았나요? 이것이 바로 '빨리빨리 학습'이 가져온 가장 큰 문제입니다.

이 아이들은 1분짜리 숏폼 영상을 보고 '다 안다'고 착각합니다. AI가 요약해 준 줄거리만 읽고 책을 다 읽은 것처럼 느끼기도 하지요. 하지만 이것은 지식의 파편을 주운 것일 뿐, 체계를 세운 것이 아닙니다. 스스로 고민하지 않고 얻은 정보는 금방 사라집니다. 시험 정답은 맞힐 수 있어도 '왜 그렇지?'라는 질문 앞에서는 말문이 막히는 아이들이 늘어나는 이유가 여기에 있습니다.

또한 아이들은 점점 끈기 있게 생각하지 못합니다. 복잡한 문제를 해결하려면 한참을 붙잡고 씨름해야 하는데, 조금만 막히면 곧바로 AI에게 답을 묻습니다. 이것은 마치 등산을 하지 않고 케이블카로 정상에 오르는 것과 같아요. 케이블카가 멈추면, 즉 AI가 없으면 아무것도 할 수 없게 됩니다.

느림을 못 참는 아이들, 우리가 해야 할 일

이렇듯 속도에 길들여진 아이들은 '맥락'을 읽기 어려워합니다. 긴 글을 견디지 못하고 요약본만 찾는 아이들은 문장 사이에 숨은 의미를 놓칩니다. 친구의 말속에 담긴 서운함, 뉴스 뒤에 숨은 사회적 배경 같은 맥락은 3줄 요약으로는 이해할 수 없습니다. 이는 문해력 저하뿐만 아니라, 공감 능력 저하로도 이어집니다.

AI 시대일수록 아이에게 '느림'을 허락해야 합니다. 빨리 답을 내놓으라고 재촉하기보다 "네가 그렇게 생각하게 된 과정이 궁금해"라고 물어봐야 합니다. 모르는 문제가 나오면 검색창을 켜기 전에, 단 5분이라도 스스로 고민할 시간을 갖게 이끌어 주세요.

앞으로 가장 강력한 경쟁력은 빠른 정답이 아니라 '느리지만 깊은 사색'에서 나옵니다. 깊이 읽고, 천천히 생각하고, 끝까지 파고드는 아이가 결국 AI를 주도적으로 활용하게 됩니다. 혹시 지금 아이가 기다리지 못하고 조금만 힘들면 포기하고, 과정보다 결과에 집착하거나 생각하기 전에 AI를 찾고 있지는 않나요? 그렇다면 이제부터는 속도를 줄이고 깊이 생각하는 훈련을 시작할 때입니다. 천천히 호흡하며 스스로 답을 찾아가는 경험이 쌓일 때, 아이는 비로소 삶의 주인이 될 수 있습니다.

부모가 놓치고 있는
아이의 생각에 대한 진실

공부를 잘하는 아이는 '생각하는 힘'도 강하다

오랜 시간 아이들을 지켜보면 알 수 있습니다. 겉으로 보기엔 '공부를 잘하는 아이'와 '생각을 잘하는 아이'가 같은 선상에 있는 것처럼 보이지만, 실제로는 전혀 다른 경우가 많다는 사실입니다. 성적은 좋지만 어느 것 하나 스스로 결정하지 못하는 아이가 있는가 하면, 성적은 평범해도 자기 생각과 주장이 분명한 아이가 있습니다.

이 차이는 훗날 아이의 미래를 좌우하는 결정적 차이로 이어집니다. 지금부터는 부모가 흔히 빠지기 쉬운 첫 번째 착각인 '공부를 잘하면 생각하는 힘도 강할 것'이라는 믿음에 대해 짚어보고자 합니다.

시험 성적과 생각하는 힘은 다르다

과거 4학년 담임을 맡았을 때 수정이라는 아이가 있었습니다. 수정이는 공부도 잘하고 착해서 1학기에는 반장으로 뽑히기도 했습니다. 게다가 당시에는 한 학기에 두 번 정도 지필시험을 쳐서 순위를 매기던 시절이었는데, 수정이는 언제나 상위권이었습니다.

그런데 막상 발표를 하거나 글쓰기를 시키면 뻔한 이야기만 할 뿐, 자기만의 시선이나 창의적인 표현이 잘 드러나지 않았습니다. 엄마가 의견을 물으면 "몰라요, 그냥 엄마가 정해주세요"라고 답하거나, "이 문제를 왜 이렇게 풀었어?"라고 물으면 "공식이 그래서요"라고 말하곤 했습니다. 훗날 수정이는 "중학교까지는 엄마의 관심과 노력 덕분에 성적을 유지했지만, 고등학교에 가니 제 한계가 느껴졌어요"라고 고백했습니다.

이와 반대로 성적은 보통이지만 자기 생각을 또렷하게 말하고 창의적인 아이디어를 잘 내는 아이들도 있습니다. 이런 아이들을 볼 때면 저는 늘 '이 아이는 앞으로 자기 삶을 주체적으로 살아가겠구나' 하는 기대를 하게 됩니다. 물론 사고력과 성적을 모두 갖추면 좋겠지만 간혹 성적만 좋은 아이들을 보면 부모가 훈련과 연습을 통해 암기력과 문제 풀이 능력만 키워준 것은 아닌지 마음이 쓰입니다. 여러분은 혹시 아이의 '생각하는 힘'보다 성적에 더 마음을 두고 있지는 않나요?

<h2 align="center">문제 풀이의 양이
생각의 깊이를 보장하지 않는다</h2>

교육 열기가 가장 뜨거운 강남, 목동 지역에서 15년째 초등학교 교사로 근무하는 송은주 선생님을 만났습니다. 5~6학년 영어 전담인 그는 "아이들이 영어와 수학에 너무 치여 있다"고 말하더군요. 어떤 아이들은 하루에 수학 문제를 100개씩 풀어야 해서 점심을 먹으면서도 문제집을 붙잡고 있을 정도라고 합니다. 영어 단어도 하루에 100개씩 외우라고 요구받습니다. 송은주 선생님이 그러더군요.

"AI 시대인데도 기계적인 인풋이 너무 많아요. 문제를 100개씩 푸는 게 과연 아이를 똑똑하게 만드는 걸까요? 교육 선도 지역이라 불리는 곳들이 오히려 더 기계적인 훈련에 매몰되어 있습니다. 아이들이 숫자에 쫓기다 보니 하나를 깊이 있게 생각하지 못해요. 주로 공부 잘하는 아이들이 이런 학원에 많이 가지만, 그 아이들이 지닌 창의성이 제대로 발현될 수 있을지 솔직히 의문입니다.”

여기에서 말하는 창의성은 거창한 천재성을 뜻하는 것이 아닙니다. 남들과 조금 다른 방식으로 생각하고, 실제로 도움이 되는 해결책을 만들어 내는 힘으로 이해하면 될 것 같습니다.

한편 송은주 선생님은 문학 수업에서 흥미로운 경험을 했다고 합니다. 아이들에게 눈을 감게 한 뒤 이야기를 들려주었더니, 저마다 전혀 다른 장면을 상상하며 마치 영화를 본 것처럼 생생하게 표현했다는 것이었어요. 또 글쓰기를 할 때 실명 대신 닉네임을 쓰게 하는 등 평가의 부담을 덜어 주니, 아이들이 훨씬 더 자유롭고 즐겁게 글을 썼다고 합니다.

같은 아이라도 어떤 방식으로 자극하느냐에 따라 사고와 표현이 완전히 달라질 수 있다는 것을 눈으로 확인한 순간이었습니다.

시험에 통하는 능력과 AI 시대가 요구하는 능력은 다르다

우리는 흔히 '성적이 좋은 아이=생각을 잘하는 아이'라고 믿습니다. 그러나 현실은 다릅니다. 성실하게 공부하고, 교과서를 달달 외우고, 문제집을 많이 풀어서 시험을 잘 보는 아이, 소위 말하는 모범생 중에도 스스로 판단하고 결정하며 책임지는 능력이 부족한 아이들이 많습니다.

암기력과 문제풀이 능력은 사고력과 다릅니다. 학교 시험, 특히 수능은 정해진 답을 빠르게 찾는 능력을 측정해서 평가하는 구조입니다. 하지만 진짜 생각하는 힘은 정답이 없는 문제 앞에서 진가를 발휘합니다.

- '왜'라고 스스로 묻는 힘
- 여러 정보를 연결해 자기만의 창의적인 결론을 내리는 힘
- 틀릴 위험을 감수하고도 끝까지 소신 있게 생각하고 말하는 용기

이런 힘은 시험 점수와 비례하지 않습니다. 이 변화는 이미 사회에서 쉽게 발견할 수 있습니다. 명문대를 졸업하고도 직장에서 '시키는 일'만 잘하는 사람들이 있는가 하면, 학창시절 성적은 평범했지만 자기만의 기준과 방법으로 창업에 성공해 새

로운 길을 개척해 나가는 사람들도 있습니다. 이런 분들을 만나면 저도 모르게 관심이 갑니다.

미국의 빅테크 기업 팔란티어는 최근 대졸자를 배제하고 고졸자를 채용하기 시작했습니다. 그리고 단순히 학력만을 보는 것이 아니라 AI가 던진 열린 질문에 어떻게 사고하고 논리를 전개하는지를 평가한다고 합니다. 구글, 아마존, MS, IBM 등도 이른바 '뉴 칼라'New Collar 인재를 선호하기 시작했습니다. 팔란티어 CEO는 "미국 대학이 창의성보다 순응과 안락함을 가르치는 곳이 되었다"고 비판하며, 실제 문제 해결 능력을 중시해야 한다고 말했습니다.

빅테크 기업에서 고졸자를 선호하기 시작한 이유는 단순합니다. 앞으로 필요한 인재는 순응적이고 성실한 사람이 아니라, 스스로 문제를 정의하고 답이 없는 질문에 도전하며 새로운 길을 만들어내는 사람이기 때문입니다. 이미 이 흐름 속에서 고졸 출신의 관리자와 임원도 등장하고 있습니다. 이처럼 AI는 변호사, 회계사 같은 전문직과 사무직에 이어 학벌의 의미까지도 뒤흔들고 있습니다.

더 이상 성적과 대학 간판이 아이의 미래를 보장하지 않습니다. 그렇다면 부모들은 무엇을 목표로 삼아야 할까요? 바로 아이의 '생각하는 힘'입니다. 정해진 답을 빠르게 찾는 능력은 이제 AI가 대신합니다. 인간에게 필요한 것은 답이 없는 문제

를 붙잡고 끝까지 고민하는 힘이지요. 이제 우리는 이렇게 질
문을 바꿔야 합니다.

"우리 아이는 공부를 잘하고 있나?"

"우리 아이는 생각하면서 공부를 하고 있나"

　기억하세요. 공부를 잘하는 아이가 아니라, 생각하면서 공
부하는 아이가 미래를 이끕니다.

사교육과 선행학습을 많이 하면 생각하는 힘이 길러진다

"앞집 5학년 진수는 벌써 중학교 수학을 배운다는데, 우리 아들은 4학년인데 아직 5학년 진도도 못 뗐잖아요."

강의를 하다 보면 다른 집 아이들의 선행 진도에 뒤처질까 불안해하는 부모님을 자주 만납니다. 그럴 때마다 저는 아이들의 발달 과정을 떠올리며 늘 이런 의문을 갖습니다. '이 아이들이 정말 그 과정을 이해하며 따라가고 있을까?' 그러나 많은 부모들은 학원을 많이 보내고 문제를 많이 풀면 이해력과 사고력이 자연스럽게 향상될 거라고 믿습니다. 그래서 특히 영어나 수학만큼은 빨리 선행을 진행해 끝내려 하지요. '한두 과목이라도 끝내놔야 조금 편히 다른 과목에 집중할 수 있다'라는 말도 자주 듣습니다. 그러나 과도한 사교육과 선행학습은 아이에게서 스스로 고민할 시간을 빼앗습니다. 이러한 방식이 오랫동안 지속되면 정작 삶에서 창의력과 문제해결력이 필요한 순간에 무기력해질 수 있습니다.

빠른 진도는
생각의 깊이를 보장하지 않는다

진도가 빠른 것과 생각의 힘은 전혀 다른 문제입니다. 선행을 지나치게 빨리 하다 보면 아이는 개념을 이해하고 계산하고 추론하며 응용하는 과정을 충분히 거치지 못합니다. 수학 문제를 풀 때도 본래라면 이런 질문을 해야 하지요.

"이 문제의 출제 의도는 뭘까?"
"왜 이런 공식이 만들어진 걸까?"
"다른 방식으로도 풀 수 있을까?"

그러나 선행 중심의 공부에서는 이런 질문 대신 이렇게 생각하게 됩니다.

"빨리 풀고 다음 문제집으로 넘어가야지."
"유형만 외우고 진도부터 나가자."

그 결과 아이는 수학 공식은 외우지만 왜 그런 공식이 생겼는지 이해하지 못합니다. 답은 맞히지만 과정을 설명하지 못하는 거예요. 교육의 목적은 정답이 아니라 사고 과정에 있는데, 이런 방식의 공부는 아이를 결코 성숙하게 만들지 못합니다. 아이는 공부의 즐거움에서 점점 멀어지고, 공부를 싫지만 해야 하는 일 정도로 느끼게 되겠지요.

프랑스 교육이 보여주는 다른 길

프랑스에서 살고 있는 『자발적 방관육아』(쌤앤파커스)라는 책을 쓴 최은아 작가를 인터뷰했습니다. 그는 이렇게 말했습니다.

"프랑스에는 문제 풀이식 선행학습이 거의 없어요. 과외는 주로 체육이나 예술 활동에서 이뤄져요. 그들은 교육의 본질에 집중하고 있어요. 읽기 교육을 체계적으로 하고, 책을 깊이 읽고 토론하며 자기 생각을 표현하는 훈련을 합니다."

또한 프랑스 초등학생들은 휴대폰을 거의 사용하지 않는다고 합니다. 인터넷이 잘 안 되기 때문에 심심할 때는 책을 읽거나 대화하고, 자연에서 시간을 보내거나 수영을 한다고 했습니다. 특히 대학 입시는 '바칼로레아 Baccalauréat'(프랑스 교육과정의 중등 과정 졸업 시험)라는 제도를 통해 서술형, 논술형 발표 중심으로 평가합니다. 즉 입시 자체가 사고력을 묻는 구조이기 때문에, 과도한 사교육이나 선행학습이 크게 필요하지 않습니다. 물론 프랑스와 우리 교육 현실은 다르지만, 한 가지는 분명합니다. '생각이 먼저'라는 교육의 본질은 어느 나라나 마찬가지로 중요하게 여긴다는 점입니다.

사고력 학원의 한계와 진짜 생각하는 힘

우리나라 부모가 열광하는 단어가 바로 '사고력'입니다. "우리 아이는 사고력 수학 학원 다녀요"라는 말을 들으면 마음이 조급해집니다. 어쩐지 사고력이라는 단어가 붙으면 아이의 생각하는 힘이 쑥쑥 자랄 것처럼 느껴지니까요.

그러나 현장을 가까이에서 들여다보면, 대부분 학원의 '사고력' 수업은 우리가 기대하는 방식의 사고 훈련과는 거리가 있는 경우가 많습니다. 사고력이라는 이름 아래에서 실제로 이루어지는 것은 경시대회 대비 문제, 응용문제 풀이, 심화문제 훈련과 같은 고난도 문제를 빠르게 해결하는 연습입니다. 겉으로 보기에는 어려운 문제를 척척 푸는 아이가 똑똑해 보이고 사고력이 뛰어난 것처럼 느껴지지만, 그 과정이 정말 아이의 생각을 깊게 만드는지는 다른 문제입니다.

사실 아이에게 더 필요한 것은 한 가지 문제를 충분히 붙잡고 고민하는 경험입니다. 풀이가 막혀도 쉽게 답지를 보지 않고, 답답함을 견디며 스스로 길을 찾아가는 과정 말이지요. 처음에는 아이가 답답함을 느끼고 때로는 좌절도 하겠지만, 결국 스스로 실마리를 찾았을 때 비로소 '아, 이런 거구나' 하고 깨닫게 됩니다. 이런 경험이 쌓일 때 비로소 아이의 사고가 단단해집니다. 문제를 많이 푼 것이 아니라, 깊이 생각한 경험이 아이를 성장시키는 것입니다.

하지만 학원의 구조 안에서는 이런 느린 사고가 허용되기 어렵습니다. 정해진 시간 안에 진도를 나가야 하고, 수업이 끝나면 테스트를 보고, 일정 기준을 넘지 못하면 다음 단계로 넘어갈 수 없습니다. 아이는 자연스럽게 '틀리면 안 된다', '뒤처지면 안 된다'는 압박을 느끼게 됩니다. 그러다 보니 문제를 깊이 이해하려 하기보다는 빨리 답을 내는 방법을 찾는 데 익숙해집니다. 실패를 두려워하고, 고민보다는 요령을 먼저 배우게 되는 것이지요.

사교육 없이도 생각하는 힘이 강한 아이

초등학교 6학년 정훈이는 사회 문제에 관심이 많은 아이인데, 학교 대표로 모의 국회에 참여해 마을 환경 문제에 대해 소신 있게 발표했습니다. 놀라운 점은 정훈이가 사교육을 전혀 받지 않았다는 것입니다. 대신 정훈이는 사회 문제에 대해 부모님과 자주 대화했고, 시골 할머니 댁에서 자연을 접하며 여행도 많이 다녔습니다. 수많은 문제를 푸는 대신 생활 속에서 자신만의 문제를 찾고 탐구했어요. 부모님은 늘 이런 질문을 건넸다고 합니다.

"오늘 가장 재미있었던 것은 뭐였어?"
"왜 그렇게 생각했어?"
"더 좋은 방법은 없을까?"

정훈이의 사례를 보면 알 수 있습니다. 생각하는 힘은 문제집이 아니라 삶의 경험과 대화에서 길러진다는 것을요.

　우리 주변에는 아이가 자신의 생각을 표현할 기회가 정말 많습니다. 학교 자치회, 토론대회, 발표 수업, 퀴즈대회나 챌린지에도 참석할 기회가 많이 있어요. 이때 생각하는 힘이 없는 아이들은 기회가 주어져도 말을 못 하거나 멍하게 있습니다. 반대로 자기 생각을 조리 있게 말하고 논리적으로 근거를 대는 아이는 계속 성장합니다. 이 힘은 사교육이나 선행학습으로 길러지는 것이 아닙니다. 근육을 단련하듯 생활 속 생각 습관을 통해 천천히 길러야 하지요.

　그렇다고 해서 사교육이 무조건 나쁘다는 것은 아닙니다. 다만 그것이 아이의 생각하는 시간과 경험을 대체해서는 안 된다는 말입니다. AI 시대에 아이에게 필요한 건 빠른 진도도 높은 성적도 아닙니다. 남다르게 생각하는 힘, 스스로 고민하는 힘, 답이 없어도 끝까지 붙잡는 힘입니다. 그리고 이 힘은 학원이 아닌 아이의 일상과 대화, 경험 속에서 자랍니다.

책을 많이 읽으면
저절로 생각하는 힘이 길러진다

앞선 장에서 살펴본 것처럼 많은 부모들이 아이의 빠른 진도와 높은 성취를 '생각하는 힘'과 동일시하곤 합니다. 그래서 사교육과 선행 학습을 통해 아이의 사고력을 키울 수 있다고 믿지요.

그런데 부모들이 흔히 빠지는 착각은 이것만이 아닙니다. 공부 방식뿐만 아니라, 독서 자체만으로도 아이의 생각하는 힘이 저절로 길러질 것이라 기대하는 또 다른 믿음도 있습니다. 바로 '책을 많이 읽으면 사고력도 자연스럽게 높아질 것'이라는 생각입니다. 이번 장에서는 독서량과 사고력을 동일시하는 또 하나의 착각을 짚어 보고자 합니다.

많이 읽는 것과 깊이 생각하는 것의 차이

여러분의 아이는 책을 많이 읽나요? 흔히 책을 많이 읽는 아이를 보면 안심합니다. 책을 많이 읽으면 생각도 자연스럽게 깊어질 것이라고 믿기 때문인데요. 그래서 학교에서는 책을 읽을 때마다 독서나무에 스티커를 붙이고, 가정에서도 읽은 책에 색깔 스티커를 붙이며 독서량을 확인합니다. 물론 아이가 읽은 책이 늘어날수록 어른들의 마음이 뿌듯해지는 것도 사실입니다.

문제는 '얼마나 읽었는가'가 아니라 '어떻게 읽었는가'입니다. 아이들이 읽은 책의 숫자에만 매몰되어 버리면 정작 중요한 것을 놓치기 쉽습니다. 특히 요즘 아이들은 디지털 환경에 익숙해져 책을 한 줄 한 줄 곱씹기보다 눈으로 훑어본 뒤 "다 읽었다"고 말하는 경우가 많습니다. 이 아이들에게 내용에 대해 질문하면 제대로 답하지 못하는 경우도 적지 않습니다.

초등학교 4학년인 지윤이가 바로 그런 아이였습니다. 부모님이 독서에 관심이 많아 아이가 어릴 때부터 창작동화, 위인

전, 전집 시리즈, 과학책 등 다양한 책을 접할 수 있는 환경을 갖춰 주었지요. 그리고 이렇게 생각했습니다.

'우리 지윤이는 책을 많이 읽으니 사고력도 높을 거야.'

그런데 얼마 전 이석선 작가의 『성적표 무덤』(생각나눔)에 대해 엄마와 함께 이야기를 나누다가 문제가 드러났습니다. 엄마가 "낙호가 왜 시험지를 땅에다 묻었을까?"라고 물었는데, 지윤이가 아무 말도 하지 못한 채 멀뚱히 쳐다만 보고 있는 겁니다. "이 책에서 가장 인상 깊었던 장면이 뭐였니?"라는 질문에도 우물쭈물하다가 "그냥 다 재미있었어요"라고 뭉뚱그려 답했습니다. 지윤이 엄마는 그때 처음으로 아이의 독서 방식에 대해 진지하게 고민하게 되었다고 합니다.

많은 부모기 '책을 읽으면 사고력이 높아진다'고 생각합니다. 하지만 글자를 읽는 것과 내용을 이해하고 사고하는 것은 전혀 다른 문제입니다. 아무리 많은 책을 읽어도 깊이 생각하지 않고 넘겨 버리면 기억에도 남지 않고 사고력도 자라지 않습니다. 이 때문에 책을 읽고 난 뒤에 대화를 나누거나 질문을 만들어 보는 등 간단한 독후활동을 하는 것이 중요하지요. 이 과정이 반복될 때 아이는 책의 의미를 정리하고 자기 말로 표현하는 힘, 즉 문해력과 사고력을 함께 키워 갑니다.

독서는 '도장 깨기'가 아닌 '사고의 과정'이어야 한다

독서는 본질적으로 능동적인 활동입니다. 독서의 강점은 아이가 머릿속으로 상상하고, 장면을 그려 보고, 의미를 곱씹을 수 있다는 데 있습니다. 책에 몰입하면 집중력도 향상되고 어휘력도 풍부해집니다.

그러나 어른들이 독서량에만 집착하면 아이는 책을 즐거운 탐구가 아닌 '채워야 할 숙제나 도장 깨기'로 여기게 됩니다. 그러면 아이는 멈추지 않고, 질문하지 않고, 연결하지 않은 채 그저 글자를 읽기만 합니다. 안타까운 일이지요. 그래서 부모는 아이가 책을 읽으며 멈추고, 상상하고, 질문하고, 대화하고, 다른 경험과 연결할 수 있는 환경을 만들어 주어야 합니다. 책 읽기와 생각하기가 함께 가도록 돕는 것이 핵심입니다.

생각 습관이 없는 아이는 책을 아무리 열심히 읽어도 덮자마자 '재미있다' 혹은 '재미없다'로 끝내고 다음 책으로 넘어갑니다. 당연히 기억에 남는 것도 많지 않겠지요. 반면 생각하며 책을 읽은 아이는 인물의 선택을 궁금해 하고, '나라면 어땠을까?'를 상상하며, 다른 책이나 경험과 연결합니다. 그리고 누군가와 책에 대해 이야기하고 싶어 하지요. 책을 통해 배우고 깨달은 것을 명확하게 표현할 줄 아니까요. 이런 아이는 속도에 집착하지 않고 '멈추고 생각하는 시간'을 가집니다.

여러분의 아이는 어떤 유형인가요? 생각하는 아이로 키우고 싶다면 책을 많이 읽게 하는 것보다 깊이 읽게 하고, 함께 읽고, 대화의 상대가 되어 주는 것이 더 중요합니다.

책이 길러준 자기 결정의 힘

저와 친한 후배의 아들은 중학교 2학년 때 제 후배에게 이렇게 말했어요.

"엄마 아빠, 저 고등학교 안 가면 안 될까요?"

깜짝 놀란 후배가 이유를 묻자 아들이 말했습니다.

"교과서를 달달 외우며 주입식 공부를 하는 게 싫어요. 고등학교에 가서도 이렇게 살고 싶지 않아요. 저는 대신 살아 있는 경험을 많이 하고 싶어요."

부모는 적잖이 충격을 받았지만 아이의 말을 경청한 뒤 조건을 걸었습니다. "남은 중학교 생활을 통해 우리에게 너의 확신을 보여줘"라고. 그러자 아들은 정말 열심히 공부했습니다. 마지막 성적이 상위 10% 안에 들었을 정도로 말이지요. 이렇게 확고한 의지를 보여준 아들은 고등학교에 진학하는 대신 해외 봉사활동을 다니는 등 다양한 경험을 쌓았습니다. 이후 검정고시를 쳐서 대학에 진학했고, 지금은 멋진 셰프가 되었어요.

저는 어릴 때부터 스스로의 길을 선택할 줄 하는 후배 아들이 신기해서 '대체 어떻게 키웠는지' 물었습니다. 그의 대답은 단순했어요. 아들이 책을 많이 좋아했는데, 책을 읽은 뒤에는 늘 대화하고 토론하는 시간을 가졌답니다. 그 덕분인지 지금도 자기 생각을 확고하게 표현할 줄 알며, 새로운 도전을 두려워하지 않는다고 합니다.

옛말에 '다문다독다상량'多聞多讀多商量이라는 말이 있습니다. 많이 듣고, 많이 읽은 뒤, 깊이 생각하고 토론하는 과정이 정말 중요하다는 뜻입니다. 빠르게 변하는 시대일수록 단순히 많이 읽는 것이 아니라 많이 생각하고, 많이 이야기하고, 깊이 고민하는 과정이 필요합니다. 결국 중요한 것은 책의 권수가 아니라 책을 통해 아이가 어떤 생각을 하느냐입니다. 그리고 이때 부모가 주목해야 할 것은 독서량이 아니라 아이가 스스로 멈추고 생각하는 힘이겠지요.

97

모가 주목해야 할 것은 독서량이 아니라 아이가 스스로 멈추고 생각하는 힘이겠지요.

칭찬과 격려를 많이 할수록
아이가 잘 자란다

학교에서 아이들과 생활하다 보면 당황스러운 순간을 종종 만납니다. 발표 기회를 주지 않았다고 서운해하거나, 친구와의 사소한 갈등에서 자신만 억울하다며 쉽게 감정을 드러내는 아이들이 예전보다 더 눈에 띕니다. 제가 중재를 하려고 해도 "선생님은 왜 다른 애 편만 드세요? 저는 억울해요"라고 따지는 경우가 많아요. 교실에서 이런 일을 맞닥뜨리면 저는 자연스럽게 가정의 양육 태도에 대해 생각하게 됩니다. 우리는 지금 아이를 너무 많이 감싸고, 너무 많이 칭찬하며 키우고 있는 건 아닐까요?

집에서는 왕자·공주, 학교에서는 한 사람

지금 초등학생의 부모 세대부터 양육 문화가 크게 달라졌습니다. 이전 세대의 부모가 생존과 경제적 안정을 우선시했다면 지금의 부모는 아이의 마음을 살피고, 기를 살려주고, 장점을 찾아 칭찬하는 데 많은 에너지를 쏟습니다. "너희들은 걱정 말고 공부만 해"라는 말과 함께 아이의 선택을 존중하며, 하고 싶은 것을 마음껏 할 수 있도록 격려해 왔지요. 그 결과 자연스럽게 많은 아이가 가정에서 왕자와 공주 대접을 받으며 자랐습니다.

하지만 문제는 학교라는 사회를 마주할 때입니다. 학교에서는 규칙을 지켜야 하고, 친구와 경쟁도 해야 하며, 때로는 양보하며 기다려야 합니다. 집에서는 늘 중심이었던, 왕자와 공주였던 아이가 이런 현실을 맞닥뜨리면 크게 좌절하거나 억울함을 느끼기도 합니다. '칭찬과 격려를 많이 하면 아이의 자존감이 높아지고 무조건 잘 자랄 것'이라는 믿음은 그래서 한계가 있습니다. 아이에게 때로는 '아닌 것은 아니다'라고 말하고, 스스로를 비판적인 시선으로 돌아볼 수 있는 기회를 주는 부모의 태도가 필요합니다.

칭찬과 과잉이 만든 의존성

아이를 지나치게 보호하며 칭찬과 격려만으로 대하면, 아이는 스스로 해내는 힘이 약해질 수밖에 없습니다. 실제로 주변에는 마흔이 넘도록 경제적으로나 정신적으로 자립하지 못하고 부모에게 의존하는 사람들이 적지 않습니다. 이런 의존적인 자녀의 부모를 보면 대개 '아이가 힘들면 안 된다'는 마음에 용돈을 미리 챙겨주고 어려운 일이 생기면 대신 해결해 주는 경우가 많아요. 시간이 흐른 뒤에야 뒤늦게 후회하게 되겠지만, 그 사이 아이는 스스로 버티고 견디는 힘을 충분히 기르지 못한 채 자라고 맙니다.

물론 칭찬과 격려는 매우 중요합니다. 아이에게 자신감을 주고 무엇보다 도전할 용기를 심어 주기 때문이지요. 그러나 아이가 잘못했을 때는 분명하게 짚어 주고 때로는 단호하게 말해 주어야 합니다. 당장은 기분 나쁘고 상처를 받을 수도 있지만, 이런 경험이 쌓일 때 비로소 아이는 책임감과 독립심을 배웁니다. 다만 부모의 말투는 온화해야 하고, 아이가 스스로 생각할 수 있도록 충분한 시간을 주는 것이 중요하겠지요.

단단한 양육

이런 문제를 고민하던 중『스카이 멘탈』(카시오페아)의 작가 하지원 선생님을 만났습니다. 선생님은 약속 장소에 일곱 살 아들과 함께 나왔습니다. 저는 처음엔 아이와 함께 있으면 깊은 이야기를 나누기 어렵지 않을까 걱정했지만, 그 아이는 다르더군요. 두 시간 동안 보채지도 않았고, 스마트폰을 찾지 않았으며, 제가 선물한 도장을 찍고 그림을 그리며 조용히 시간을 보냈습니다.

하지원 선생님은 자신의 양육 방식에 대해 이렇게 설명했습니다. '착하다', '잘했다'라고 칭찬과 격려를 아끼지 않았지만, 그보다 먼저 아이가 처한 상황을 차분히 설명해 준다는 것입니다. 예를 들어 미용실에서 기다려야 할 때는 이렇게 말합니다.

"우리는 앞 손님이 끝날 때까지 기다려야 해. 그러니 그 시간을 스스로 잘 보내 보자. 그림을 그리거나 책을 읽으며 시간을 보내면 어떨까?"

그러면 아이는 투정 부리지 않고 그 시간을 스스로 견딘다고 합니다. 일곱 살 아이가 정말 놀랍지 않나요? 저는 이 모습을 보며 '하나를 보면 열을 안다'는 말을 실감했습니다.

우리는 모두 완벽한 부모가 될 수는 없습니다. 실수도 하고 때로는 아이에게 상처를 줄 수도 있어요. 그러나 이런 과정조차도 아이를 단단하게 만드는 경험이 될 수 있습니다. 지금은 칭찬 중독과 애착 과잉의 시대입니다. 지나친 칭찬은 아이의 판단력을 흐리고, 상황을 객관적으로 보지 못하게 만들기도 합니다.

아이를 무조건 보호할 것이 아니라 세상을 이해하고 판단할 수 있는 아이로 키우고 싶다면 더 많은 대화를 나누어야 합니다. 가정의 경제 상황, 부모의 고민, 세상이 돌아가는 방식에 대해 솔직하게 이야기하고, 서로의 생각을 나누는 것이 중요하지요. 이런 과정을 거칠 때 아이의 생각은 깊어지고 메타인지가 자라나며, 상황에 맞는 현명한 선택을 할 수 있게 됩니다.

말 잘 듣는 아이는 잘 크고 있는 것이다

앞에서 우리는 '칭찬과 격려가 많을수록 아이가 잘 자란다' 는 믿음의 이면을 살펴보았습니다. 그런데 이와 맞닿아 있는, 부모의 마음을 사로잡는 또 다른 착각이 있습니다. 바로 부모와 교사의 말을 잘 듣는 아이일수록 건강하고 바르게 성장한다는 믿음입니다. 우리는 순하고 반듯한 아이를 보며 안도하고, 반대로 자기 의견을 말하거나 반항하는 아이를 보면 걱정합니다. 그러나 겉으로 드러나는 태도만으로 아이의 성장을 판단해도 되는 걸까요? 이번 장에서는 '말 잘 듣는 아이'라는 기준이 품고 있는 함정을 들여다보도록 하겠습니다.

말 잘 듣는 아이의 함정

우리는 보통 부모나 교사의 지시를 잘 따르는 아이를 '착하다'고 부르며 흐뭇해합니다. 모범생이라 여기고 앞으로도 별 문제 없이 잘 살아갈 것이라 믿지요. 그런데 학교 현장에서 수많은 아이들을 만나며 제가 깨달은 것은, 그 평가 속에 위험한 착각이 숨어 있다는 사실입니다. 겉으로는 부모의 말을 잘 듣고 조용했던 아이가 뒤에서는 엉뚱한 행동을 하거나, 마음속 깊이 무기력과 공허함을 품고 있는 경우도 적지 않았거든요. 무조건 말을 잘 듣는다고 해서 마냥 좋아할 일은 아니라는 겁니다.

반대로 반항기가 있다고 해서 걱정만 할 일도 아닙니다. 간혹 아이가 말을 안 듣고 반대 의견을 내더라도 '어쩌면 우리 아이는 자기 생각이 뚜렷한 아이일지도 모른다'라고 관점을 바꿔보는 건 어떨까요? 반항처럼 보이는 태도 속에 비판적 사고의 씨앗이 숨어 있을 수 있습니다. 이때 부모가 할 일은 아이의 기질을 누르는 것이 아니라 왜 그렇게 생각하게 되었는지를 묻는 것일 겁니다. 호기심을 가지고 질문할 때 비로소 아이의 진짜 마음이 보이기 시작합니다.

이와 관련해 제 후배 이야기를 들려주고 싶습니다. 후배의 아들은 어릴 때부터 말을 잘 듣는 착한 아이였어요. 그래서 당연히 평범하게 고등학교를 졸업하고 대학에 진학할 것이라 생각했습니다. 그런데 아이가 고3이 되었을 때, 돌연 대학을 가지 않겠다고 선언했습니다. 자신이 무엇을 좋아하는지, 어떤 삶을 살고 싶은지 모르겠으니 생각해 볼 시간을 달라고 한 것이지요. 후배는 걱정이 컸지만 남편과 상의한 끝에 아이의 선택을 존중하고 필요한 지원을 하며 기다리기로 했습니다.

그 아이는 약 2년 동안 자신을 찾는 시간을 가졌습니다. 짧지 않은 시간이지요? 아이는 국내 곳곳을 여행하며 낯선 사람을 만나고, 때로는 트럭을 얻어 타 보기도 하고, 차가 끊겨 무작정 걷다가 만난 어떤 어르신의 인생 이야기에 눈물을 흘리기도 했습니다. 그러다 어느 날 시골로 가는 버스에서 상담심리학을 전공하는 대학생 누나를 만나 대화를 나누던 중 '내가 하고 싶은 게 바로 이거다'라는 확신을 얻었습니다. 그제야 그는 마음속에 오래 묻어 두었던 마음의 상처를 마주하게 되었다고 합니다.

그 상처는 오래전 학교에서 시작되었습니다. 초등학교 5학년 때 약한 친구를 돕다가 오해를 받아 문제가 생겼는데, 담임 선생님과 상담 후 당황한 제 후배가 아들에게 이렇게 말했다는 거예요. "친구를 괴롭히면 안 되지? 앞으로는 안 그럴 거지?" 아이는 자세한 내막을 묻지도 않고 나무라는 엄마에게 깊은 실망감을 느꼈고, 그 이후로 점점 마음의 문을 닫았습니다. 그렇게 시작된 긴 방황 끝에 아들은 결국 자신만의 경험을 통해 길을 찾았습니다. '나처럼 마음이 아픈 아이들을 돕는 사람이 되고 싶다'는 꿈을 품게 된 것이지요. 지금은 상담심리학을 공부하고 있으며, 심리상담사가 되기 위해 준비 중입니다.

후배는 "말 잘 듣고 착한 아이라서 잘 크고 있다고 생각했는데 정작 내 아이의 마음을 제대로 보지 못했다"고 고백했습니다. 아이가 자신의 길을 찾아가는 과정에서 역경과 좌절도 있었지만, 지금은 누구보다 행복한 마음으로 꿈을 향해 달려가고 있는 아들이 참 자랑스럽다고 말하는 후배의 눈가에 눈물이 맺혔습니다.

겉으로는 조용한 아이, 어떻게 볼 것인가

이 이야기는 우리에게 묵직한 질문을 던집니다. 아이가 눈앞에서 웃고 있고, 큰 문제없이 지내는 것처럼 보여도, 그 안에 무엇이 있는지 우리는 얼마나 알고 있을까요? 특히 요즘 아이들은 이전 세대와는 전혀 다른 환경에서 자라고 있습니다. 유튜브, 숏츠, 알고리즘은 끊임없이 아이들의 삶을 파고들고, 도파민에 익숙해진 아이들은 점점 참을성이 부족해지고 있습니다.

SNS는 어떤가요? 아이들은 지속적으로 비교의 환경에 노출되어 있습니다. 인기, 외모, 성적을 기준으로 계속해서 평가받습니다. 여기에 생성형 AI까지 등장하면서, 어떤 아이들은 현실 대신 가상의 세계로 숨어 버리기도 합니다. 고민이 생기면 사람 대신 AI에게 먼저 털어놓는 등 인간 관계에서 점점 멀어지고 있어요. 사회성이 떨어지고 자기만의 세계에 고립되어 편향된 생각을 품을 가능성이 높아지고 있는 겁니다. 이런 환경에서 말 잘 듣는 아이가 곧 건강한 아이라고 단정하는 것은 위험한 일입니다.

그래서 부모에게 필요한 것은 감시가 아니라 조용한 관찰과 따뜻한 질문입니다. 아이의 감정과 건강, 도전하려는 태도, 회피 성향, 교우 관계 등을 조용히 관찰하고 다정하게 근황을 물어보세요. 아이가 마음을 열 수 있도록 기다려 주고, 문제가 생겼을 때 함께 해결할 여지를 남겨 두는 태도가 중요합니다.

아이와의 신뢰 관계, 즉 라포rapport는 어릴 때부터 조금씩 쌓아야 합니다. 그렇지 않고 사춘기를 맞이하면 아이는 가족과 단절된 채 방황할 가능성이 커집니다. 말 잘 듣는 아이를 만드는 것이 목표가 아니라, 말을 털어놓을 수 있는 아이로 키우는 것이 부모의 진짜 과제일 것입니다.

착각 1	부모의 생각	공부를 잘하면 생각하는 힘도 강하다.
	왜 위험한가	시험은 '정답을 찾는 능력'을 평가하지만, 삶은 '정답이 없는 문제'를 요구한다.
	우리가 붙잡아야 할 것	정답을 찾는 능력이 아니라, 질문하고 판단하는 힘

착각 2	부모의 생각	사교육과 선행학습을 많이 시키면 사고력이 길러진다.
	왜 위험한가	빠른 진도는 깊은 이해를 보장하지 않는다.
	우리가 붙잡아야 할 것	속도가 아니라 '멈추고 생각하는 시간'

착각 3	부모의 생각	책을 많이 읽으면 저절로 사고력이 높아진다.
	왜 위험한가	독서량은 사고의 깊이를 대신할 수 없다.
	우리가 붙잡아야 할 것	많이 읽기보다, 깊이 읽고 함께 대화하기

착각 4	부모의 생각	칭찬과 격려를 많이 하면 아이가 잘 자란다.
	왜 위험한가	과잉 보호는 책임과 독립성을 약하게 만든다.
	우리가 붙잡아야 할 것	온화하지만 분명한 기준, 스스로 견디는 경험

착각 5	부모의 생각	말 잘 듣는 아이는 잘 크고 있는 것이다.
	왜 위험한가	순응 속에 숨어 있는 위험과 어려움이 있을 수 있다.
	우리가 붙잡아야 할 것	말 잘 듣는 아이가 아니라, 자기 생각을 말할 수 있는 아이

2부

생각하는 아이는 이렇게 자란다

일상에서 단단하게 키우는
'생각 근력' 훈련

생각의 힘을 기르는
일상교육법

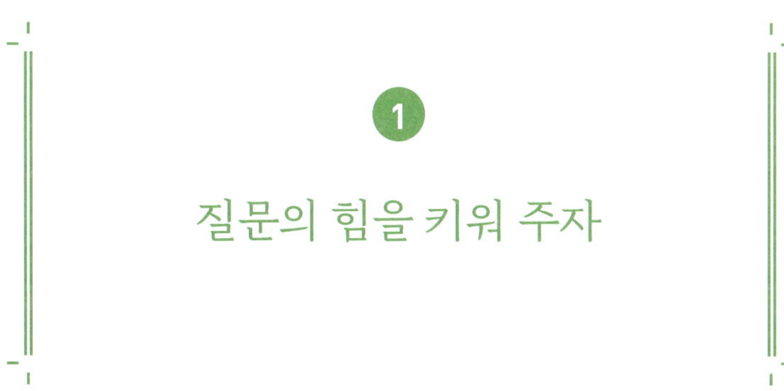

질문의 힘을 키워 주자

3장에서 우리는 부모가 빠지기 쉬운 다섯 가지 착각을 통해 아이의 '생각하는 힘'이 성적, 선행, 독서량, 칭찬, 순응만으로는 길러지지 않는다는 사실을 살펴보았습니다. 그렇다면 이제부터는 무엇을 어떻게 해 주어야 하는지를 알아 볼 차례입니다.

2부의 출발점에서 가장 먼저 다루고자 하는 주제는 바로 '질문'입니다. AI 시대에는 답을 많이 아는 아이보다, 좋은 질문을 던질 수 있는 아이가 결국 주도권을 갖기 때문입니다.

질문이 곧 실력이 되는 시대

AI 시대에는 정보를 얼마나 많이 알고 있는가보다, 어떤 질문을 던질 수 있는가가 훨씬 더 중요합니다. AI는 질문에 따라 전혀 다른 답을 내놓고, 질문의 수준에 따라 답변의 수준도 달라지기 때문이지요. 이제 질문은 단순한 호기심의 표현이 아니라 하나의 능력, 곧 실력으로 자리 잡았습니다.

특히 초등 시기는 아이의 막연한 호기심이 구체적인 말과 논리로 다듬어지는 결정적인 시기입니다. 이 시기 어떤 경험을 하느냐에 따라 아이가 평생 질문을 즐기는 사람으로 자랄 수도 있고, 반대로 질문을 두려워하는 사람으로 굳어질 수도 있으니까요. 그렇다면 부모는 무엇을 해야 할까요? 답을 주는 부모가 아니라, 질문의 힘을 길러주는 부모가 되고자 노력해야 합니다. 지금부터는 질문의 힘을 키우는 다섯 가지 방법을 알려 드리겠습니다.

질문의 힘을 키우는 법

① 부모가 생활 속에서 '질문하는 역할'을 해 주세요. 아이의 질문에 바로 답을 주면 아이의 사고는 그 자리에서 멈춰 버립

니다. 대신 부모가 질문으로 되돌려 줄 때 아이의 생각 회로가 움직이기 시작하지요. "엄마, 왜 하늘은 파란색이야?"라고 물을 때 "글쎄, 네 생각엔 왜 그런 것 같아?"라고 되묻는 겁니다. 이후에 더 궁금해 하면 함께 찾아보고 탐구하는 과정을 경험하게 도와주세요. 이 과정을 통해 아이는 답을 수동적으로 받는 사람이 아니라 답을 능동적으로 찾아가는 사람이 됩니다.

② 닫힌 질문이 아니라 '열린 질문'을 해 주세요. "오늘 친구랑 재미있었어?"처럼 예 또는 아니오로 끝나는 질문은 대화를 쉽게 단절시킵니다. 반면 "오늘 친구랑 놀았던 기억 중에 가장 재미있었던 건 뭐야?"와 같은 열린 질문은 아이가 경험을 떠올리고, 감정을 정리하고, 자신의 생각을 구체적인 언어로 표현하게 만들지요. 이런 질문이 쌓일수록 아이의 사고는 점점 더 깊어집니다.

③ 질문을 재미있는 게임처럼 만들어 보세요. '만약에 게임'은 엉뚱한 상상을 하게 하거나 아이가 직접 질문을 만들 수 있는 게임입니다. 예를 들면 "만약에 우리 집 고양이가 아빠에게 말을 한다면 뭐라고 할 것 같아?" 하고 엄마가 질문을 던지고 답을 들은 뒤, 그 다음에는 아이가 직접 재미있는 질문을 만드는 거예요. 이런 식의 게임은 고정관념을 흔들고 새로운 관점

을 열어 줍니다.

또 '질문 주사위 게임'도 좋습니다. '누가, 언제, 어디서, 왜, 어떻게, 만약에'가 적힌 질문 주사위를 굴려 질문을 만드는 놀이지요. 여기에 더해 거실 한편에 질문 게시판을 만들어 궁금한 것이 생길 때마다 포스트잇에 써 붙이게 하는 등 가족이 함께 탐구하는 문화를 만들면 질문이 자연스러운 일상이 됩니다.

④ 꼬리에 꼬리를 무는 질문법을 활용해 보세요. 질문에 꼬리를 물면서 하나의 문제나 현상에 대해 깊이 파고드는 연습을 해 보세요. 부모가 '왜'나 '어떻게'를 활용해 질문을 이어간다면 아이는 좀 더 깊이 있는 생각의 기회를 얻을 수 있습니다. 이때 질문하는 것만큼 중요한 건 경청입니다. 잘 들어야 질문도 잘할 수 있습니다. 꼬리에 꼬리를 무는 질문 대화를 통해 아이는 경청의 중요성을 깨닫고, 단순한 사실 확인을 넘어 본질을 파고드는 사고를 경험하게 될 겁니다. 예를 들면 부모가 아이에게 "네가 고치고 싶은 식습관은 뭐야?"로 시작한 질문이 '내가 하고 싶은 것을 마음껏 하려면 좋은 식습관이 필요하겠다'는 실천으로 이어질 수 있습니다.

부모	네가 가장 고치고 싶은 식습관은 어떤 것이 있어?
아이	인스턴트를 많이 먹는 것을 줄이고 싶어요.
부모	인스턴트 음식을 왜 줄이고 싶어?
아이	건강에 안 좋은 것 같아요.
부모	건강에 어떻게 안 좋은 것 같아?
아이	살도 많이 찌고, 몸에 염증이 생긴대요.
부모	몸에 염증이 생기면 어떻게 될까?
아이	염증이 생기면 몸이 아파서 힘들게 돼요.
부모	몸이 아프면 어떻게 될까?
아이	내가 하고 싶은 운동도 못 하고 친구들하고 놀지도 못해요.

⑤ **5 WHY 질문 기법을 활용해 보세요.** 어떤 결과에 대해 다섯 가지 단계에 거쳐 '왜'라는 질문을 하는 방식입니다. 예를 들어 아이가 공부는 많이 하는데 학원 레벨테스트에서 성적이 잘 나오지 않는다면 "왜 시험 성적이 안 좋았을까?"라는 질문에서 출발하세요. 그다음 그 이유에 다시 '왜'라는 질문을 다섯 번 반복하며 깊이 들어가는 겁니다. 이 과정을 지나면 아이는 '내게 중요한 것에 집중하려면 계획을 잘 세워야겠다'와 같은 결과를 스스로 도출해 내게 됩니다. 이처럼 5 WHY 질문 기법을 활용하면 논리적 추론을 통해 본질적인 해법을 찾아갈 수 있습니다.

부모	왜 시험 성적이 안 좋았을까?
아이	공부하는 시간은 많았는데, 그때마다 집중을 안 했어요.
부모:	왜 집중이 안 되었던 것 같아?
아이	다른 데 정신이 팔려 있었어요.
부모	왜 다른 데 정신이 팔린 것 같아?
아이	평소에 게임을 자주 해서 그런지 공부하는 시간에도 계속 생각이 났어요.
부모	왜 계속 게임 생각이 나는 것 같아?
아이	시간 관리를 잘 했어야 했는데, 참지 못하고 게임을 너무 많이 해 버렸거든요.
부모	왜 게임을 참는 게 어려웠을까?
아이	중독인 것 같아요. 너무 재미있어서 시간을 정해 두지 않으면 오래 하게 돼요. 앞으로는 시간을 정해서 게임을 하고, 시험 기간에는 피해야 할 것 같아요.

⑥ AI와 '대화하는 법'을 함께 연습해 보세요. 친구와 짝을 지어 끊임없이 질문을 주고받으며 주제를 탐구하는 하브루타 Havruta 방식이 가장 좋지만, 그게 어렵다면 AI와 대화할 수 있는 프롬프트 교육을 시켜 보는 것도 방법입니다. 단순히 "답을 알려줘"라고 요구하는 것이 아니라, "내 생각은 이런데, 네 의견은 어때?"처럼 자신의 생각을 담아 질문하도록 이끌어 주세요.

핵심은 AI가 답을 대신 찾아 주는 것이 아니라 아이가 질문을 통해 사고를 확장하는 경험을 하는 것입니다. 이런 과정들이 반복되면 아이들은 질문이 세상을 이해하는 가장 강력한 도구임을 스스로 깨달을 수 있습니다.

무엇보다 중요한 것은 가정의 분위기입니다. 아이가 엉뚱한 질문을 하거나 부모 마음에 들지 않는 질문을 했을 때도 "왜 그런 걸 묻니?"라고 말하는 대신, "와, 정말 멋진 질문이네. 나는 한 번도 그런 생각을 못 해 봤는데"라고 반응해 주세요. 이렇게 안전한 분위기가 조성될 때 아이는 질문의 주인이 됩니다.

질문으로 생각을 키우는 가족 토론

가족 토론은 가정에서 질문의 힘을 키우기 위해 활용할 수 있는 가장 좋은 방식의 대화 기술입니다. 가정에서 잘 활용한다면 아이들에 비판석 사고력, 의사소통 능력, 공감 능력을 키워줄 수 있지요. 아이들은 가족 토론을 통해 다양한 관점에서 생각하는 힘을 기릅니다. 또 자신의 의견이 존중받는 경험을 통해 자존감도 높아지고, 논리적으로 표현하는 방법을 익힐 수 있으며, 소통 능력이 향상되고 가족 구성원은 서로를 더 깊이 이해할 수 있습니다. 이 과정에서 다름을 인정하고 존중하는 태도가 길러지는데, 이는 학교나 또래 집단에서 필요한 사회성을 기르는 토대가 됩니다.

가족 토론을 처음 시도할 때는 가족구성원이 모여 해결할 주제를 함께 선정한 뒤 조금씩 범위를 넓히고 확장해 나가는 것이 좋아요. 먼저 가족이 어떤 주제에 대해 각자의 의견을 나누고 합의를 도출해 나가는 과정부터 시작해 보세요.

아이들의 용돈을 주제로 정하고 이에 대한 토론을 하기로 정했다고 가정해 봅시다. 이때 한 가지 원칙은 반드시 지켜주세요. 의견을 말할 때는 반드시 그 이유를 말하도록 하는 거예요. 그러면 아이는 자기 주장을 다른 사람들에게 이해시키기 위해 스스로 의견의 타당성을 검토하게 될 테고, 그 과정에서

[가족 토론 절차]

1. 주제 선정	2. 생각 정리	3. 돌아가며 이야기 나누기
가족에게 필요한 주제 제안하기	각자의 입장에서 주장할 내용 생각하기	순서를 정해서 발언 기회 부여하기

5. 결론 또는 마무리	4. 자유토론
새롭게 알게 된 점이나 생각이 바뀐 점 공유하기	서로 질문하고 의견 나누기

논리적으로 생각하는 힘이 길러집니다. 조금 더 나아갈 여력이 된다면 여기에 자기 의견만 말하는 것이 아니라, 다른 사람들에게 질문하는 시간도 가지도록 도와주면 좋습니다.

예시1 **아이들의 용돈에 대한 가족 토론**

부모
내일이면 이제 너희들도 한 살 더 먹게 되는데, 오늘은 용돈에 대해 이야기를 나누어 보면 좋겠구나! 지금까지는 필요하다고 말하면 엄마가 주는 방식이었는데, 이제부터는 금액과 날짜를 정해서 주면 어떨까? 올해부터는 엄마가 일을 하게 되어 잘 챙겨 주지 못할 수도 있을 것 같아.

아들(초5)
네, 저는 찬성이에요. 일주일 단위로 용돈을 주시면 좋겠어요. 친구들과 간식도 사 먹고 갑자기 준비물이 필요하면 사야 하니까요. 그리고 용돈을 잘 관리해서 친구나 가족 생일에 선물도 사고 저축도 해보고 싶어요. 학교에서도 용돈기입장을 쓰라고 하는데, 용돈을 받으면 잘 활용할 수 있을 것 같아요.

딸(초2)
저는 반대예요. 예전 그대로 필요할 때 엄마가 사 주시면 좋겠어요. 돈을 가지고 다니다가 잃어버릴까 봐 겁도 나고요. 저는 용돈을 잘 관리하지 못할 것 같아요. 내년에 3학년이 되면 용돈을 받고 싶어요.

부모   모두 좋은 의견들이야. 그럼 아들은 용돈을 일주일 단위로 받고, 딸은 아직 어리니까 필요할 때마다 받는 것으로 하자. 아들은 일주일에 용돈을 얼마를 받으면 좋겠니?

아들(초5)   저는 일주일에 1만 원을 받으면 좋을 것 같아요. 일주일에 한 번은 친구들과 어울려서 간식을 사 먹고, 학용품이 필요하면 살게요. 그런데 실내화나 문제집처럼 큰돈이 필요할 때는 부모님께서 따로 사 주실 수 있나요? 혹시 부족하면 다음 주 용돈에서 미리 당겨서 사용할 수도 있나요?

부모   그래, 이번이 처음이니까 일단 일주일에 1만 원으로 용돈을 정해서 사용해 보도록 하자. 큰돈이 필요한 것들은 엄마 아빠가 사 줄게. 하지만 가급적 일주일에 정해진 용돈만 사용하는 게 좋을 것 같아. 정말 급할 때만 내용을 들어 보고 다음 주 용돈을 미리 당겨서 쓸 수 있는지 함께 의논하자. 그 대신 용돈기입장을 꾸준히 써 보도록 해.

용돈을 받고 사용하는 데 익숙해지면 다음 번에는 집안일을 하거나 용돈기입장을 잘 썼을 때 보수를 받을 수 있는 '홈 아르바이트'에 대해서도 이야기 나누어 보자.

아들(초5)　네, 잘 알겠어요. 용돈을 받고 관리할 생각에 마음이 설레네요. 감사합니다.

용돈 관련 문제에 대한 토론은 찬성 반대에 대한 강한 주장보다는 각자의 입장에서 이야기를 나누고 협의해 가는 과정을 거쳤습니다.

이번엔 찬성과 반대 측의 경쟁적인 의사소통을 통해 결정하는 찬반 토론에 대한 예시를 살펴보겠습니다. 한 가지 문제에 대해 여러 사람이 각자의 의견을 주장하고 정당함을 논하는 찬반 토론은 아이들의 생각을 넓히고 강화하는 데 꼭 필요한 대화 방식이에요. 예시로 살펴볼 토론 주제는 반려동물 입양에 대한 건입니다. 주장을 할 때는 항상 이유를 설명하게 하세요. 이 대화에서는 '얼마나 설득력 있게 주장하는가?'가 관건입니다.

예시2 **반려동물 입양에 관한 찬반 토론**

딸(초4)　엄마 아빠! 우리 집도 강아지나 고양이를 입양하면 안 될까요?

엄마　아, 우리 딸이 반려동물을 입양하고 싶구나! 그럼 찬반 토론을 한번 해볼까?

딸(초4)   저는 찬성이요! 형제자매가 없어서 많이 외로워요. 학교에서 집에 돌아오면 아무도 없어서 마음이 너무 허전해요. 친구처럼 이야기할 상대가 있으면 좋겠어요.

아빠   나는 반대! 털도 많이 날리고 위생적으로 안 좋을 것 같아. 반려동물의 대소변 처리도 어렵고, 냄새도 나고, 자주 씻겨야 해서 일이 너무 많을 것 같아.

엄마   찬성과 반대 측 의견이 막상막하네. 지금까지 찬성이 한 명, 반대가 한 명이라 엄마의 의견에 따라 결정이 나겠다. 그럼 찬성 측과 반대 측에서 상대방을 설득시키는 이야기를 더 해 보자.

딸(초4)   아빠의 걱정 중 대부분이 반려동물의 위생 문제와 대소변 처리네요. 그러면 제가 대소변도 처리하고 깨끗하게 씻기고 다 할게요. 그렇지만 가끔 부모님의 도움도 필요하니 제가 도움을 요청할 때는 도와주세요!

아빠   음, 우리 딸이 저렇게까지 하면서 반려동물을 기르고 싶어 하니, 이렇게 되면 나도 찬성할 수밖에 없겠어. 대신 약속을 잘 지켜야 한다.

엄마   좋아. 그럼 우리 딸이 반려동물에 대한 책임을 지기로 하고, 입양을 하는 것으로 결정할게. 그럼 천천히 입양할 수 있는 방법에 대해 알아보기로 하자.

딸(초4) 네, 너무 좋아요. 약속 잘 지키도록 할게요. 엄마 아빠 감사해요.

[토론을 위한 단계별 생각 정리법]

단계	내용	예시
1	나의 주장 정하기	저는 ○○○라고 생각해요.
2	세 가지 이유 찾기	왜냐하면 첫째…, 둘째…, 셋째…
3	근거 말하기 (사례, 경험, 자료)	이유마다 근거 붙이기
4	반대 의견 생각해 보기	상대방의 의견을 미리 예상하고 대답 준비하기
5	1단계에서 3단계까지 순서대로 이어서 말하기	저는 ○○○라고 생각해요. 왜냐하면 첫째…, 둘째…, 셋째…이기 때문입니다. 그래서 저는 ○○○라고 생각합니다!

세상을 읽어내는 힘을
길러 주자

아이를 잘 키운다는 것은 단순히 공부를 잘하는 아이로 키운다는 말이 아닙니다. 빠르게 변하는 시대일수록 아이에게 필요한 것은 점수가 아닌 세상을 읽어내는 눈이기 때문입니다. 주변에서 일어나는 일들을 관찰하고 그 의미를 물으며 다양한 삶의 현장을 경험할 때 아이는 비로소 타인의 시선이 아닌 자기 기준으로 삶을 선택하는 사람으로 자랍니다.

삶의 현장을 경험하게 하라

지난 여름, 지인으로부터 특별한 명함 하나를 받았습니다. 바로 제3대 서울특별시의회 청소년의회 청소년시의원으로 활동하고 있는 초등학교 6학년 D의 명함이었습니다. '청소년시의원' 제도는 지역마다 운영 방식은 조금씩 다르지만, 아이들이 삶의 현장을 경험하고 세상을 읽는 기회를 제공합니다. 서울의 경우 5~6월에 서울 거주 또는 관내 재학 중인 초등 5~6학년을 대상으로 모집하며, 보통은 학교 추천을 받은 학생이 선거에 출마하지요. 각 자치구별로 최다득표자 2명씩 선출한 뒤 7월부터 12월까지 청소년시의원 연수, 의정활동체험(상임위원회, 본회의), 시의원 간담회 등에 참여합니다.

이중 가장 영향력 있는 활동은 직접 조례를 만드는 일입니다. 실제로 도시공원 조례 일부 개정을 통해 자연생태교육을 공원 이용 프로그램에 추가한 사례가 있었고, 비인기 스포츠 종목 활성화 및 청소년 유망주 지원 조례를 통해 장학금과 훈련장 설치를 지원한 사례도 있었습니다. 제가 지켜본 D 학생 역시 청소년시의원으로 활동하면서 자신의 생각을 논리적으로 정리하고 당당하게 발표하는 경험을 했습니다.

이와 비슷하게 전국 시도교육청에서는 학교를 대상으로 '청소년 의회교실' 같은 체험 프로그램을 운영하고 있습니다. 이

곳에서 어린이 시의원들은 3분 자유발언을 하고, 의장을 선출하며, 전자투표로 조례를 통과시키기도 합니다. 한 학생은 '스마트폰 사용 제한 조례'를 가결시킨 뒤 직접 해보니 "사회 시간에 이론으로 배우는 것보다 훨씬 재미있고 도움이 된다"고 말했습니다.

이러한 경험이 중요한 이유는 단순한 체험을 넘어 아이가 세상을 바라보는 시야를 넓혀 주기 때문입니다. 다양한 경험을 통해 내가 무엇을 잘하는지, 무엇을 할 때 가슴이 뛰는지 깨닫는다면 어떤 세상이 오든 자신의 삶을 단단하게 꾸려갈 테니까요. D학생의 일상은 국영수 같은 학원 중심의 생활이 아니라 방과 후 활동이나 발명반, 스킨스쿠버와 스키 같은 스포츠, 토의·토론 활동, 미술관 어린이 도슨트 활동 등 다양한 경험으로 채워져 있었습니다. 어릴 때부터 엄마와 함께 도서관에 다니며 책을 읽는 루틴도 자연스럽게 형성되어 있었고요. 이런 경험들이 쌓이면서 D는 자신이 무엇을 좋아하고 또 무엇을 잘하는지 천천히 알아가고 있습니다.

학교에서 제가 유심히 보는 아이들은 '눈빛이 살아 있는 아이'들입니다. 이런 아이들은 대체로 일상이 즐겁고, 주도적으로 하루를 살아갑니다. 그리고 이런 아이들 뒤에는 아이의 경험을 넓혀 준 부모가 있습니다. 이 부모들은 공통적으로 "아이를 억압하지 않고 자율성을 인정합니다. 그리고 아이의 욕구에 맞는 다양한 경험을 많이 시켜 줬어요”라고 말합니다.

『그럼에도 웃는 엄마』(델피노)의 저자 이윤정 선생님은 세 아들의 엄마이기도 한데요. 이 아이들은 볼 때마다 어찌나 밝고 생기가 넘치는지, 늘 감탄하곤 합니다. 이윤정 선생님은 아이들이 관심을 보이고 좋아하는 그림 수업, 야구, 북스테이, 독서 행사 등을 자연스럽게 경험할 수 있도록 늘 환경을 조성해 주었습니다. 그 덕분인지 첫째는 대구창의융합교육원의 '대구문예창작영재교육원'에, 둘째는 대구 교대의 '미술창의영재교육원'에 도전해 합격했다고 합니다. 무엇이든 주도적으로 좋아서 하는 아이들의 눈빛은 유달리 더 또렷하고 생기가 넘칩니다.

세상을 읽는 도구를 건네주자

넓은 세상에 관심을 갖고 질문하는 아이로 키우기 위해 저는 몇 가지 활동을 권하고 싶습니다.

첫 번째는 '종이 신문 읽기'입니다. 저는 수십 년째 매일 2종 이상의 신문을 읽고 있는데, 요즘처럼 이렇게 신문이 유용하다고 느낀 적은 없는 것 같습니다. 사회가 빠르게 변할수록 신문은 세상을 조망하는 힘을 길러 줍니다. 스마트폰 뉴스가 단편적인 정보라면, 종이신문은 맥락을 읽게 합니다. 특히 어린이

신문은 시사, 영어, 한자까지 자연스럽게 접할 수 있어 더욱 유용하지요. 부모 역시 신문을 통해 세계 정세를 이해하는 데 도움을 받고 아이와 함께 공통 주제로 대화할 수 있습니다.

두 번째는 '영화 감상'입니다. 영화는 아이의 상상력과 창의력을 자극합니다. 2015년에 개봉된 영화 〈빅 히어로〉는 천재 소년 히로와 형이 만든 힐링 로봇 '베이맥스'가 도시를 위협하는 악당에 맞서 슈퍼 히어로 팀이 되는 이야기입니다. 베이맥스가 전투용이 아니라 환자의 몸과 마음을 치료하는 목적으로 만들어졌다는 점이 인상적인데요. 과거에는 상상에 불과했던 장면이 오늘날 현실이 된 사례를 통해 아이들은 기술과 인간의 관계를 새롭게 생각할 수 있습니다.

세 번째는 '뮤지컬'과 '음악회' 감상 경험입니다. 이러한 예술 경험은 인간의 감정과 정서를 깊이 건드리고 공감 능력과 감수성을 길러 줍니다. 이제 아이는 단순히 성적을 잘 받는 데 그치면 안 됩니다. 정보를 다각도로 해석하고, 문제를 발견하며, 나만의 방식으로 세상에 기여하는 존재로 성장해야 합니다.

결국 부모의 역할은 아이에게 정답을 건네는 것이 아니라 다양한 경험을 통해 세상을 읽을 수 있는 눈을 길러주는 것입니다. 그 과정에서 아이는 자신을 더 깊이 이해하고 자기 삶의 방향을 주도적으로 선택할 수 있게 됩니다.

3

생각을 구조화하고
표현하는 힘을 길러 주자

AI가 인간의 많은 역할을 대신하는 시대가 되면서, 전문가들은 앞으로 대학 입시나 입사 과정에서 면접의 중요성이 더 커질 것이라고 말합니다. AI가 많은 정보를 처리하고 결과를 만들어 내는 시대일수록 사람의 진짜 역량은 결국 '어떻게 생각하고, 어떻게 표현하는가'를 통해 드러나기 때문입니다. 단순히 정답을 아는 능력이 아니라 자신의 생각을 정리하고 타인에게 설득력 있게 전달하는 힘이 더욱 중요해진 것입니다.

꼭 입시나 취업이 아니더라도 AI 시대에는 표현력이 곧 사고력의 기반이 됩니다. 생각을 구조화하고, 이를 말과 글, 시각

적 표현으로 드러낼 수 있어야 창의성과 상상력도 확장될 수 있기 때문이지요. 그래서 저는 학부모님들에게 "AI 시대에 아이에게 꼭 길러줘야 할 능력은 무엇인가요?"라는 질문을 받을 때마다 두 가지 S, 즉 스케치skech와 스피치spech가 중요하다고 말씀 드립니다. 여기에 한 가지를 더 추가한다면 바로 글쓰기이지요. 이 세 가지 요인은 서로 연결되어 있어 아이의 사고를 깊게 하고 표현을 단단하게 만드는 핵심 역량이 됩니다.

스케치,
생각을 그려 보는 힘

아이가 어릴 때부터 자연스럽게 스케치를 할 수 있는 환경을 만들어 주세요. 김미영 작가의 책『아이 스케치북에 손대지 마라』(동아일보사)에 따르면, 유럽에서는 영유아 시기부터 연필이나 목탄으로 그림을 그리는 경우가 많다고 합니다. 연필을 쥐고 관찰하며 그리는 과정은 아이의 뇌 발달과 관찰력을 키우는 데 도움이 된다고 알려져 있습니다. 반면 우리나라에서는 크레파스나 색연필을 먼저 사용하는 것이 일반적이지요.

이때 중요한 것은 아이가 그린 그림에 대해 어른의 기준으로 평가하거나 지시하지 않는 것입니다. 어른들은 종종 "하늘은 파란색으로 칠해야지”, “사람은 이렇게 그리는 거야”와 같은 고정관념을 아이에게 주입하곤 합니다. 아이가 다른 식으로 표현하면 지적하고 다시 그리게 하지요. 이런 경험이 반복되면 아이는 점점 그림 그리기를 어려운 과제로 여기고, 결국 “나는 그림을 못 그려요”라고 말하게 됩니다. 스케치와 그림은 아이가 자신을 표현하는 가장 자연스러운 언어입니다. 특히 언어 표현이 아직 서툰 아이일수록 그림은 생각과 감정을 드러내는 중요한 통로가 됩니다.

아이가 초등학교 고학년이라면 늦은 걸까요? 아닙니다. 가족이 함께 그림으로 놀이를 해 보세요. 전지를 길게 이어 붙이고 그 위에 아이를 눕히세요. 그리고 아이의 전신을 따라 윤곽선을 그리며 부모가 다양한 질문을 던집니다. “앞으로 가보고 싶은 나라는 어디니?”, “네 꿈은 뭐야?”, “이 활동을 하면서 어떤 생각이 들었니?” 질문의 답으로 떠올린 생각을 부모와 아이가 함께 그림으로 표현해 보세요. 일종의 ‘그림 대화’를 나누는 겁니다. 온선히 아이를 바라보며 집중할 수 있는 시간이자, 온 가족이 자유롭게 생각을 나누고 표현할 수 있는 시간이 됩니다.

또 거실 바닥에 전지를 펼쳐 놓고 주제를 정한 뒤, 마인드맵처럼 글과 그림으로 표현해 보는 것도 좋은 방법입니다. 요즘은 생성형 AI가 그림을 대신 그려 주기도 하지만, 이렇게 자신의 손으로 생각을 표현하는 경험은 여전히 매우 중요합니다.

스케치를 잘하는 습관은 어른이 되어서도 생각을 구조화하고 표현하는 데 큰 도움이 됩니다.

이러한 교육 방식의 뿌리에는 '레지오 에밀리아 접근법'Reggio Emilia Approach이 있습니다. 레지오 에밀리아는 이탈리아 북부 도시의 이름이자, 세계적으로 인정받는 유아교육 철학을 의미합니다. 이 접근법의 핵심 전제는 '아동은 무한한 잠재력과 권리를 가진 강력하고 유능한 존재'라는 믿음입니다. 아이를 빈 그릇으로 보고 지식을 채우는 것이 아니라, 이미 스스로 배움을 구성할 수 있는 능력을 지니고 있다고 믿는 거지요. 특히 '아이의 100가지 언어'The Hundred Languages of Children라는 개념을 강조하며, 아이가 말·글·그림·음악·춤·놀이 등 다양한 방식으로 자신을 표현할 수 있다고 봅니다. 교육은 이러한 표현을 존중하고 확장시키는 과정이어야 합니다.

저는 제주에서 활동하는 전지수 화가의 그림을 좋아합니다. 그는 특별한 미술 교육을 받지 않았음에도 자신의 생각을 매우 독창적으로 표현합니다. 한 방송에서 소개한 그의 어린 시절을 보면, 부모가 아이에게 무엇을 강요하기보다는 있는 그대로 존중해 주었음을 알 수 있습니다. 레지오 에밀리아 철학처럼 아이 안에 이미 존재하는 것을 스스로 표현하도록 도운 결과가 그의 예술로 피어났다고 느꼈습니다.

모든 아이는 자신만의 방식으로 예술가가 될 수 있습니다. 부모가 지나치게 간섭하지 않고, 대신 아이의 생각을 묻고 호기심을 자극한다면 표현력은 충분히 잘 자랍니다. 아이를 예술가로 만들자는 이야기가 아닙니다. 단지 어릴 때부터 자기 생각을 자유롭게 표현하고 그 과정에서 창의성과 문제해결력을 기를 수 있도록 스케치의 기회를 활짝 열어 주시길 바랍니다.

스피치, 생각을 말로 구조화하는 힘

두 번째로 중요한 역량은 스피치입니다. 발음과 발성도 물론 중요하지만, 제가 가장 강조하고 싶은 것은 '어떤 주제를 어떤 구조로 이야기할까?'입니다. 많은 분이 스피치라고 하면 전교어린이회나 토론대회·말하기대회를 먼저 떠올리는데, 실제 학교에서는 일상적인 발표나 의사표현을 할 때 더 크게 영향을 미칩니다. 스피치를 잘하는 아이는 친구와 선생님의 신뢰를 얻고, 자신감도 높아집니다. 요즘은 학교마다 프로젝트 학습이 보편화되어 아이들이 자료를 조사하고 정리해 발표할 기회가 많습니다. 이때 중요한 것은 단순히 많은 정보를 아는 것이 아니라, 자신의 생각을 조리 있게 정리해 말하는 능력입니다.

작년에 초등학생을 대상으로 스피치 교육을 진행한 적이 있는데, 몇 번의 연습만으로도 아이들이 빠르게 자신의 생각을 구조화해 말하는 모습을 보고 놀랐습니다. 이후 토론대회에서도 좋은 성과를 거둬 스피치 훈련의 효과를 확인할 수 있었습니다. 가정에서도 부모가 충분히 스피치 훈련을 시킬 수 있습니다. 다음은 가정에서 할 수 있는 스피치 훈련 방법입니다.

[생각을 구조화하는 4단계 스피치 훈련]

1단계	2단계	3단계	4단계
주제 정하기	미션 수행하기	발표 기회 갖기	성찰과 피드백

1단계 주제 정하기

아이가 가장 흥미를 느끼는 주제를 선택합니다. 주제를 직접 선택할 수 있도록 조사하고 생각할 시간을 충분히 주세요. 예를 들어 아이가 가수 '지드래곤'을 선택했다고 가정해 보겠습니다. 부모는 "왜 좋아하게 되었어?", "어떤 점이 가장 매력적이야?", "그에게 하고 싶은 말은?"과 같은 질문을 던질 수 있겠지요. 필요하다면 '5 WHY 질문법'(꼬리에 꼬리를 물면서 다섯 번 질문해 보는 방법)을 통해 점점 깊이 있는 사고로 이끌 수 있습니다.

이제 '지드래곤을 외국인에게 소개하기'와 같은 미션을 줍니다. 그리고 아이에게 '첫째, 둘째, 셋째'처럼 세 가지 자랑거리를 말하게 하고, 각각의 이유를 설명하도록 합니다. 이 과정에서 논리력이 길러집니다. 아이의 논리에 비판하기보다는 충분히 격려하고, 잘못된 설명이나 논리가 있다면 후속 질문을 통해 조금씩 사고를 다듬어 주세요.

3단계 발표 기회 갖기

가족이나 친구들 앞에서 발표하게 하거나, 영상을 찍어 기록으로 남길 수 있습니다.

4단계 성찰과 피드백

무엇을 느꼈는지 또 무엇을 배웠는지에 대해 이야기를 나누세요. 이때 부모는 칭찬과 건설적인 피드백을 전합니다.

이와 같은 활동을 많이 할수록 아이의 스피치 실력이 높아집니다. 특히 어린아이의 경우 완벽한 논리보다 자유롭게 말할 수 있는 안전한 환경을 조성해 주는 것이 더 중요합니다. 아이가 말할 때마다 평가하거나 "그건 아니야" 하고 막는다면 아이는 점점 말하기를 두려워하게 될 테니 주의하길 바랍니다.

글쓰기,
생각을 깊게 만드는 힘

예전에는 담임선생님이 매일 일기 지도를 하며 아이들의 글쓰기를 세심하게 살폈습니다. 그 과정에서 아이들과 깊은 정서적 교감도 이루어졌지요. 일기 지도가 사라진 지금, 그때의 아이들에 비해 요즘 아이들의 글쓰기 실력이나 문해력이 전반적으로 낮아진 현실이 매우 안타깝습니다.

그렇다면 가정에서 어떻게 글쓰기를 도울 수 있을까요? 저는 무엇보다 부담 없는 방식으로 시작하는 것이 중요하다고 생각합니다. 글쓰기는 AI 시대에 더욱 중요한 능력입니다. 자기 성찰, 타인과의 소통, 그리고 AI와의 협업(프롬프트 작성) 모두 글쓰기 능력을 필요로 합니다. 말은 한 번 내뱉으면 끝이지만 글은 여러 번 다듬으며 더 깊은 사고를 가능하게 만듭니다.

글쓰기 실력을 키워주기 위해 첫 번째로 추천하는 방법은 '편지 쓰기'입니다. 부모가 먼저 아이에게 편지를 써 보세요. 처음엔 생일, 기쁜 날, 친구랑 싸워 속상한 날, 아플 때, 상을 받았을 때 등 이벤트가 있는 날을 중심으로 시작하면 됩니다. 아이가 서툰 글씨나 그림으로 자신의 마음을 담아 답장을 보내면 그 기쁨을 충분히 표현해 주세요. 저 역시 두 딸과 오랜 시간 편지를 주고받으면서 깊은 유대감을 쌓았습니다. 몸이 떨어져 있더라도 우리는 언제나 연결되어 있다는 것, 사랑과 안전의 감정을 느끼도록 했지요. 그 과정에서 아이들은 자연스럽게 글을 통해 생각을 정리하고 전달하는 법을 배웠습니다. 배우 안성기 씨가 아들에게 남긴 편지에는 이런 문장이 있습니다.

"아빠는 다빈이가 항상 겸손하고 정직하며 남을 사랑할 줄 아는 넓은 마음을 가진 사람이 되었으면 한다. 일에는 최선을 다하고 시간을 꼭 지킬 줄 알며 실패나 슬픔을 마음의 평화로 다스릴 줄 아는 사람이 돼라. 어떤 어려움 앞에서도 자신을 잃지 말고 끝없이 도전하라. 그러면 나아갈 길이 보인다."

편지는 글쓰기 실력을 향상시키는 최고의 방법이자 우리 아이들을 잘 자랄 수 있게 하는 보약이고, 부모의 사랑과 삶의 태도를 전하는 강력한 교육적 도구입니다.

두 번째 방법은 '가족 글쓰기 판'을 만드는 것입니다. 거실에 칠판이나 보드를 설치해 짧은 메모를 주고받으며, 바쁜 가족들이 서로의 소식이나 이야기를 글로 나눌 수 있는 기회를 만들어 보세요. 놀이처럼 즐기면 아이도 부담 없이 참여합니다.

세 번째는 '가족 일기장'입니다. 거실 테이블에 일기장을 두고 가족이 돌아가며 글을 쓰는 거예요. 글쓰기를 어려워하면 한 가지 주제를 정해서 함께 글로 생각을 나눠 보거나, 자신이 경험한 일을 주제로 적어도 좋습니다. 한 사람이 쓴 일기에 다른 가족이 댓글처럼 답을 달아 주면, 글을 통해 대화하는 즐거움을 경험하게 됩니다. 이는 교육학에서 '스캐폴딩'Scaffolding 이라 부르는 방식으로, 아이가 혼자 할 수 있을 때까지 어른이 옆에서 발판을 놓아 주는 과정을 뜻합니다. 그렇게 아이는 점점 스스로 쓰는 힘을 기르게 됩니다.

이 모든 것들을 당장 완벽하게 실천할 필요는 없습니다. 다만 부모가 이러한 활동과 능력이 중요하다는 것을 인식하고, 아이를 관찰하며 필요할 때 적절히 도와주는 것이 중요합니다. 학교 교육만으로도 기본적인 글쓰기 역량은 충분히 향상할 수 있지만, 가정에서의 관심과 지원이 더해지면 아이에게 날개를 달아 줄 수 있습니다. 아이들이 자라는 소중한 시간 동안 부모도 함께 배우고 성장하며 아이의 생각과 표현을 따뜻하게 지켜봐 준다면, 아이는 분명 자기만의 단단한 목소리를 가진 사람으로 자랍니다.

4

혼자 조용히 생각하고
고민할 수 있는 틈을 주자

우리는 아이가 무엇인가 배우고 있거나, 바쁘게 움직일 때 안심합니다. 하지만 삶에서 정말 중요한 질문은 분주함 속에서 떠오르지 않습니다. 조용히 멈춰 서서 자신을 들여다볼 때 비로소 마음이 보이지요. AI가 많은 일을 대신하는 시대일수록 아이에게 필요한 것은 더 많은 학원이 아니라 스스로 생각할 수 있는 시간, 즉 '여백'입니다. 혼자 고민하고, 심심해하고, 가만히 앉아 자신을 돌아볼 수 있는 그 시간이 아이의 내면을 단단하게 만듭니다.

여러분도 혼자만의 시간을 가져본 적이 있지요? 처음엔 무엇을 해야 할지 몰라 안절부절하다가 책상 정리도 하고, 낮잠을 자거나, 다 읽지도 못할 책을 뒤적이기도 했을 겁니다. 그런데 신기하게도 어느 순간, 흙탕물이 가라앉듯 마음이 맑아지는 경험을 합니다. 정말 중요한 것이 무엇인지 보이고, 해야 할 일에 용기가 생기지요. 우선순위가 또렷해지고, 감정의 뿌리가 수면 위로 드러납니다. 내가 잘한 일과 잘못한 일, 앞으로 해야 할 일도 차분히 정리되고요.

바쁜 일정 속에서는 이런 일이 쉽게 일어나지 않습니다. 당장 처리해야 할 일에만 매달리다 보면 정작 중요한 것은 놓치기 쉽습니다. 생각이 얕아지고 내면 깊은 곳까지 닿지 못합니다. 어른뿐 아니라 아이도 마찬가지입니다. 학교를 마치면 학원으로 향하고, 숙제를 다 하고 나서 지쳐 잠드는 생활이 반복된다면 아이는 스스로를 돌아볼 틈이 없습니다. 그러나 앞으로 많은 일들은 AI가 대신할 겁니다. 인간에게 더 중요하고 필요한 능력은 목적을 갖는 것, 그리고 무엇을 만들어 낼지 질문하고 궁리하는 일이에요. 그러려면 아이가 깊이 생각하고 자신의 삶에서 무엇이 중요한지 우선순위를 정하며 가치 판단을 할 수 있어야 합니다.

최근에는 여러 매체에 자기답게 살아가는 사람들이 자주 등장합니다. 남들의 시선이나 평가에 얽매이지 않고 자신의 장점과 단점을 인정하며, 그 모습 그대로 자신을 존중하며 행복을 찾아가는 사람들이지요. 저는 이런 사람들이야말로 어떤 세상이 오더라도 흔들리지 않을 거라 믿습니다. 그런 사람으로 자라기 위해서는 어릴 때부터 자신을 탐색하는 시간을 많이 가져 봐야 합니다.

아이에게 조용히 생각하고 고민할 수 있는 틈을 주세요. 자신의 감정을 들여다보고 무엇을 좋아하는지, 무엇에 가슴이 뛰는지, 힘든 상황에서 어떤 반응을 보이는지 알아차릴 수 있는 시간 말입니다. 정신없이 바쁠 때는 결코 알아낼 수 없는 것들입니다. 심심하고 깊이 잠기는 그 순간에 아이의 본성이 드러납니다.

삶에서 가장 중요한 것은 자신을 찾아가는 여정이라고 생각합니다. 나에 대해 바로 알 때 관계도 안정되고 사회성도 자랍니다. 그러니 아이의 일정을 너무 과도하게 채우지 마세요. 하루를 무리 없이 감당할 수 있는 정도로 조율하길 권합니다. 과부하가 걸리면 아이는 짜증과 압박 속에서 하루를 힘겹게 버티게 될 거예요. 미처 마무리가 되지 않은 일들이 쌓이면 아이 마음에 죄책감과 부담으로 다가옵니다. 이런 상태가 반복되면 걸

잡을 수 없이 지칠 거예요.

아이와 상의해서 감당할 수 있는 범위를 함께 결정하는 것도 좋은 방법입니다. 부모가 보기에는 벅차 보여도 아이가 스스로 선택한 일정이라면 존중할 필요가 있습니다. 스스로 결정한 일에 책임을 지는 경험은 아이를 단단하게 만드니까요. 제둘째 딸도 초등학교 5학년 때 영어 학원을 두 곳이나 다닌 적이 있습니다. 한 곳을 그만두고 다른 곳을 새로 시작할 때 일정이 맞지 않았거든요. 저는 한 곳만 다니라고 권했지만, 아이는해 보겠다고 했습니다. 힘든 일정이었지만 스스로 선택한 것이기에 끝까지 책임지고 해내더군요.

디지털 걷어내기

아이가 혼자 생각할 시간을 주기 위해서는 우선적으로 디지털 기기 사용을 점검해야 합니다. 스마트폰, 게임, 숏츠 영상에 오래 노출되면 아이는 자신이 의도보다 더 많은 시간을 소비하게 될 테니까요. 생각으로 채워야 할 시간들을 디지털 세상이 대신 차지하고 말 겁니다.

EBS 강사이자 교육 전문가로 활동하는 정승익 선생님은 강연과 SNS를 통해 자녀의 스마트폰과 게임을 엄격히 관리할 것을 강조합니다. 그는 스마트폰과 게임으로 얻어지는 재미가 아이 안에서 자연스럽게 자라나야 할 호기심이나 관심을 가린다고 말합니다. 덕분에 선생님의 아이는 스마트폰 대신 기차에 푹 빠졌습니다. 그때부터 인터넷에 기차로 검색해서 나오는 곳은 어디든 가기 시작했다고 해요. 아이는 기차 관련 장난감과 전개도를 방 하나 가득 채울 만큼 모았습니다. 더 이상 살 것이 없자 아이는 직접 3D 프린터로 기차 전개도 제작까지 시도했다고 합니다. 공부하라고 사준 책상 위는 공구로 가득 채워졌지요.

정승익 선생님은 부모라면 아이가 좋아할 대상을 함께 찾고, 충분히 추구할 수 있도록 도와야 한다고 강조합니다. 그것이 미래에 아이가 세상과 연결되어 살아갈 원동력이 될 것이라고 말합니다.

아이는 자신이 좋아하는 것을 추구하는 과정에서 자연스럽게 탐구력을 기를 수 있습니다. 이를 위해 부모가 해야 할 일은 환경을 만들어 주는 일입니다. 간단합니다. 디지털 세상이 만들어낸 인공적인 재미는 최소화하고, 아이 안의 순수한 흥미와 호기심을 끌어내는 겁니다. 아이들은 부모가 만든 환경 속에서 자연스럽게 자신이 좋아하는 대상을 쫓아갑니다. 아이들은 그런 존재입니다. 다음은 정승익 선생님이 인스타그램에 남긴 글입니다.

"학원과 과외로 시간을 채우고, 남는 시간마저 스마트폰으로 메우면 아이는 관심사를 찾을 기회를 영영 잃어버립니다. 어린아이들은 쉼 없이 세상을 둘러보고, 경험하고 탐구하도록 설계되어 있습니다. 숲을 가든 바다를 가든 제일 적극적인 것은 아이들이니까요. 공부에 대한 불안 때문에 시간을 채우고, 그 피로를 달래기 위해 스마트폰을 쥐어 주는 순간 아이가 자신을 발견할 기회를 빼앗는 것일 수 있습니다."

5

궁리하고 탐구하고 몰입하는
나만의 놀이를 갖게 하자

아이의 생각하는 힘은 질문에서 시작되고, 세상을 읽는 경험을 거치며, 혼자 사유하는 시간을 통해 깊어집니다. 그러나 여기에서 멈추면 안 됩니다. 생각이 삶의 힘이 되려면 아이가 스스로 빠져들 수 있는 영역이 있어야 합니다. 시간 가는 줄 모르고 몰입하는 경험은 취미를 넘어 아이의 자존감과 회복력을 키워 줍니다. 이제는 아이가 무엇을 잘하느냐보다, 무엇에 깊이 빠져 보았는지를 물어야 할 때입니다.

아이를 단단하게 만드는 몰입의 힘

아이에게 공부 외에 스스로 빠져들 수 있는 영역이 있다는 것은 큰 축복입니다. 좋아하는 것에 몰입하며 보람과 기쁨을 느끼고, 힘들 때 그 활동을 통해 자신을 회복하는 경험은 평생을 지탱하는 힘이 되니까요. 전공과는 별개로 자기만의 놀이를 가진 사람들은 삶의 균형을 알며, 회복탄력성도 높습니다.

양자물리학을 연구하는 박사이자, 오케스트라에서 바이올린을 연주하는 지인이 있습니다. 그는 주말이면 실험을 멈추고 악기 연습을 하러 가는데, 음악이 있고 함께하는 사람들이 있어서 정말 행복하다고 말합니다. 제 딸도 어릴 때부터 노래하는 것을 좋아했습니다. 힘든 일이 있을 때마다 노래가 스스로를 환기하는 힘이 된다고 말하더군요. 대학 행사에 나가 노래를 불렀고, 지금도 가끔 지인의 결혼식에서 축가를 부릅니다. 딸은 노래를 부를 때 자신이 살아있음을 느끼고, 존재로서의 가치를 많이 느낀다고 합니다. 이렇게 궁리하고 탐구하며 몰입하는 나만의 놀이는 삶을 살아갈 힘을 줍니다.

우연한 경험이 깊은 탐구로

『다시 일어서는 교실』(김영사)를 쓴 송은주 선생님의 아들 순봉이는 초등학교 3학년입니다. 요즘 순봉이는 체스에 깊이 빠져 있습니다. 좋아하는 것을 넘어 전국 체스대회에서 3학년 개인부 우승을 차지하기도 했습니다. 순봉이가 처음 체스를 접한 동기가 궁금해졌습니다.

순봉이가 체스를 시작한 건 여섯 살 때였습니다. 체스는 집에서 굴러다니던 장난감 중 하나였는데, 관심이 서서히 깊어졌고 매일 한 시간 이상 체스를 두기 시작했습니다. 부모는 무리해서 체스 학원에 보내기보다 관련 책을 사주고 AI와 대국할 수 있는 앱을 활용하도록 이끌었습니다. 아이는 전 세계 체스인이 사용하는 플랫폼인 '체스닷컴Chess.com'을 통해 실력을 쌓아갔지요. 유튜브도 체스 영상만 볼 수 있게 허용했습니다. 이를 통해 체스 용어와 전략을 빠르게 흡수하더니 실력이 눈에 띄게 향상되었습니다. 그러던 중 방과 후 교실 체스 선생님의 추천으로 국내 최대 체스대회인 '마인드스포츠 올림피아드'에 나가게 되었고 개인부 1위를 차지했습니다. 이는 대단한 사교육의 결과가 아니라, 스스로 빠져들어 깊이 판 시간의 결과였습니다. 순봉이의 부모가 한 일은 단순합니다.

부모가 길을 정해 주지는 않았지만, 환경은 설계했습니다. 그 결과 아이는 스스로 몰입의 깊이를 만들어 냈습니다.

저 역시 초등학교 4학년 특별활동 시간에 시조 작가였던 선생님께 "너는 시를 참 잘 쓰는구나. 언젠가 작가가 되겠어"라는 말을 들었습니다. 그 한마디가 씨앗이 되어 지금까지 글을 쓰며 살아오고 있지요.

이처럼 아이의 인생을 바꾸는 것은 거창한 계획이 아닙니다. 마음에 깊이 남는 경험 하나, 스스로 몰입한 시간이 더 오래 갑니다. 그러니 부모는 아이를 대신해 방향을 정하려 애쓰기보다, 아이가 무엇에든 빠져들 수 있는 장을 마련하는 사람이 되어야 합니다. 아이에게 평생을 함께할 놀이 하나쯤은 허락해 주세요. 그것이 성적보다 오래 남는 힘이 될 것입니다.

6

AI를 생각의 도구로 쓰는 아이로 키우자

AI는 더 이상 미래의 기술이 아닙니다. 이미 우리 아이들의 일상에 깊숙이 들어와 있습니다. 초등학생이 AI를 활용해 앱을 만들고, 간단한 게임을 코딩해 구현하는 시대입니다. 이 거대한 변화 앞에서 부모가 해야 할 일은 단 하나입니다. 아이가 AI에 끌려가는 존재가 아니라, AI를 '생각의 파트너'로 활용하는 주체가 되도록 돕는 것입니다. AI가 사고력을 대신하는 도구가 아니라, 사고력을 확장시키는 도구로 만드는 것, 그것이 미래 교육의 핵심입니다.

AI, 생각을 확장하는 도구

AI를 단순히 정답을 알려 주는 기계가 아닌, 함께 생각하고 성장하는 '씽킹Thinking 파트너'로 잘 활용하려면 몇 가지 중요한 원칙이 필요합니다.

첫째, 주도성의 원칙입니다. 아이가 항상 주도권을 쥔 주인이어야 합니다. 문제가 생길 때마다 AI에게 바로 정답을 요구하지 않도록 지도하세요. 자신의 생각을 먼저 말하고, 거기에서 어떻게 더 확장할 수 있을지 물어보아야 합니다.

"내가 여기까지 생각해 봤는데, 다음에는 어떻게 하면 좋을까?"

이 한 문장은 아이를 수동적인 사용자에서 능동적인 탐구자로 바꿔 줍니다. 처음부터 해답을 요구하면 사고력은 자라지 않습니다. 배움과 성장의 기회를 스스로 포기하는 셈이지요. 언제나 먼저 아이가 생각하고 추론한 뒤 확인을 요청하거나 더 나은 방향이 있는지 물어야 합니다. AI의 도움은 받되 최종 결정은 아이가 내리도록 하세요. 주도성의 원칙은 아이가 AI의 사용자를 넘어 사고의 주인이 되도록 돕는 기본 태도입니다.

둘째, 비판적 사고의 원칙입니다. AI가 제안한 답을 무조건 받아들이지 않도록 의심하고 확인하도록 가르쳐야 합니다.

"왜 그럴까?"

"정말 그럴까?"

이 질문을 멈추지 않는 습관이 필요하지요. AI는 실수도 하고 사실이 아닌 정보를 진실인 것처럼 말하기도 합니다. 이를 환각Hallucination 현상이라고 말합니다. AI는 수많은 데이터를 학습해 그럴듯한 문장을 확률적으로 조합해 내놓기 때문에 틀린 정보도 자연스럽게 말할 수 있습니다. 그렇기 때문에 반드시 교차 검증을 해야 합니다. 다른 자료를 찾아보고 다른 방식으로도 물어보고, 스스로 판단하는 과정을 거치는 것이 좋습니다. 무조건 믿는 태도는 시행착오를 일으키지만, 의심하고 확인하는 태도는 깊은 사고를 만듭니다.

셋째, 대화의 원칙입니다. 좋은 답을 얻으려면 좋은 질문이 필요합니다. 막연한 질문은 막연한 답을 가져오지요. 예를 들어 "수학 잘하는 방법을 알려줘"라는 질문과 "초등학교 5학년 분수의 덧셈을 피자 그림을 예시로 들어 자세히 설명해 줘"라는 질문은 완전히 다른 결과물을 가져다 줍니다. 원하는 대답을 얻고 사고를 확장시키려면 아이가 충분히 생각한 뒤 구체적으로 질문하도록 도와주세요. AI와의 대화는 단순한 정보 검색이 아니라, 사고를 정리하고 확장하는 과정이 될 수 있습니다. 질문을 설계하는 힘은 곧 사고를 설계하는 힘이 됩니다.

넷째, 안전과 윤리의 원칙입니다. AI는 편리하지만 무분별한 사용은 위험을 초래합니다. 자신의 소중한 개인 정보나 예민한 이야기를 절대 공유하지 않도록 가르쳐야 합니다. 또 온라인에서도 예의를 지키고 책임감 있는 태도를 갖추려는 습관이 필요하지요. 사소한 행동이 쌓여 태도가 되고, 태도가 결국 그 사람의 인격을 만듭니다. 디지털 환경에서도 마찬가지입니다.

다섯째, 성장의 원칙입니다. 결과를 빨리 얻는 것이 목적이 되어서는 안 됩니다. 숙제를 얼마나 빨리 끝냈는지가 아니라 그 과정을 통해 무엇을 새로 배우고 깨달았는지가 더 중요합니다. AI가 내놓은 결과물을 복사하는 것이 아니라, 그것을 비판적으로 바라보며 자신의 생각을 덧붙이고 무엇을 선택하고 또 무엇을 버릴지 스스로 결정하는 과정이 핵심입니다. 그 책임은 아이가 오롯이 지게 해야 합니다. 아이가 스스로 깨닫지 못할 때는 부모가 질문을 던져 보세요.

"AI가 네게 해 준 말 중에서 가장 흥미로웠던 건 뭐였어?"
"AI의 대답 중에서 조금 이상하다고 생각한 부분은 없었어?"

이런 질문은 멈춰 있던 아이의 사고를 다시 움직이게 할 겁니다. 질문을 통해 생각을 촉진하는 것, 그것이 부모가 할 수 있는 가장 지혜로운 개입이지요.

AI는 이제 우리 곁에 와 있습니다. 꽁꽁 숨기고 사용하지 말라고 할 수 있는 시대는 지났어요. 그렇다면 방향은 분명합니다. 초등학생 시기부터 AI를 '생각을 돕는 도구'로 현명하게 사용하는 습관을 들여야 합니다. 스스로 문제를 발견하고 또 해결하고, 이를 사회에 도움이 되는 방향으로 사용하는 사람으로 자라도록 말이에요. 기억하세요. AI를 잘 쓰는 아이는 정답을 빨리 찾는 아이가 아니라, 생각을 멈추지 않는 아이입니다.

생각을 키우는
여섯 가지 핵심 습관

생각의 힘은 저절로 자라지 않습니다. 의식적인 훈련이 필요하지요. 빠른 정보와 즉각적인 답이 넘쳐나는 시대일수록 천천히 보고, 깊이 생각하고, 스스로 발견하는 힘이 중요합니다. 5장에서는 아이의 사고력을 단단하게 키워 주는 6가지 핵심 습관을 나누려고 합니다. 거창한 기술이 아니라 일상에서 충분히 기를 수 있는 습관이니 지금 바로 시작해 보세요.

깊게 관찰하는 습관

관찰은 생각의 출발점이다

지난해 '전국 학생 과학 발명품 경진대회'에서 우수상을 수상한 중학교 1학년 하진이는 초등학교 3학년 때부터 해마다 혼자서 대회를 준비해 온 아이입니다. 저는 하진이가 이토록 독립적으로 성장할 수 있었던 힘이 무엇인지 궁금해 어머니께 직접 물었습니다.

하진이는 어릴 때부터 다른 사람이 잘 보지 못하는 부분까지 유심히 관찰했고, 호기심도 많았다고 합니다. 궁금한 것이 생기면 어디든 들어가 보고, 만져 보고, 때로는 입에 넣어 보기도 했지요. 위험한 순간도 있었지만 그만큼 세상을 몸으로 배우던 아이였습니다. 조금 더 자라서는 자동차 같은 기계에 관심을 갖더니 내부 구조를 꼭 들여다보고 싶어 했습니다. 시계, 조명, 선풍기, 청소기, 노트북, 휴대폰, 카메라, 모니터, 라디오까지 집에서 볼 수 있는 전자제품은 모두 열어 보고 다시 조립했지요. 분리수거함에서 필요한 부품을 찾아 새로운 것을 만들거나, 이웃의 고장 난 물건을 고쳐주기도 했습니다. 그러면서 기계와 전자제품의 원리를 자연스럽게 이해하게 되었습니다. 그렇게 쌓인 경험은 단순한 기술 습득을 넘어, 눈에 보이는 현상 이면의 원리와 맥락을 파악하려는 습관으로 이어졌습니다.

어느 순간부터는 하진이에게 '내가 원하는 것은 무엇이든 만들 수 있을 것 같다'는 자신감이 생겼다고 합니다. 생활에서 불편함을 느끼면 그냥 넘기지 않고 왜 그런지 생각해 보고, 자신이 알고 있는 지식과 경험을 연결해 해결 방법을 찾으려 했습니다. 한 번에 답이 나오지 않으면 다른 분야의 개념을 끌어와 다시 조합했고, 여러 번의 시행착오 끝에 점점 더 정교한 결과물로 발전시켜 나갔습니다. 처음 계획했던 것보다 더 넓고 깊은 형태로 확장되는 경우도 많았습니다.

이 과정에서 드러난 힘은 단순한 관찰이 아니라 연결하고 융합하는 사고였습니다. 깊이 보는 힘 위에 서로 다른 경험과 지식을 엮어 내는 태도가 더해질 때 비로소 발명이 완성되었습니다. 그리고 그 관찰은 사물에만 머물지 않았습니다. 환경 문제나 사회 변화, 사람들의 삶과 문화에 대한 관심으로까지 이어졌습니다. 발명은 결국 사람을 이해하는 일이라는 사실을 아이는 경험 속에서 배우고 있었습니다. 세상을 향한 관심이 깊어질수록 누군가에게 실제로 필요한 것이 무엇인지 생각하게 되었고, 그 생각은 다시 새로운 연결과 융합으로 이어졌습니다. 하진이 어머니는 이렇게 덧붙였습니다.

"특별한 계획을 세우고 키운 것은 아니에요. 아이의 호기심과 열정을 이해하고, 그 시간을 지지해 준 것이 전부였던 것 같아요. 다만 아이가 성장할 수 있도록 마음껏 탐구할 수 있는 환경만은 꾸준히 만들어 주려고 노력했어요. 실패해도 괜찮다고 말해 주고, 궁금해 하면 끝까지 파고들 수 있게 시간을 비워 두고 기다려 주는 것, 그 정도였어요."

결국 하진이의 성장 이야기는 깊은 관찰이 어떻게 한 사람의 사고방식과 삶의 태도를 만들어 내는지를 보여줍니다. 깊은 관찰은 단순히 '자세히 보는 능력'이 아니라, 익숙한 것을 당연하게 넘기지 않고 '왜?'를 붙이며 원인과 구조를 찾아가는 힘입니다. 그래서 관찰은 문제를 발견하게 하고, 문제는 연결과 융합을 부르며, 융합은 발명으로 이어집니다. 여기에 도전을 지속할 수 있는 환경(시간, 공간, 신뢰, 실패를 허용하는 분위기)이 더해질 때 아이의 관찰은 일회성 호기심이 아니라 평생의 역량으로 자라납니다.

계획보다 중요한 것은 태도였고, 통제보다 중요한 것은 신뢰였습니다. 그 믿음 속에서 하진이의 깊은 관찰은 생각을 넓히는 출발점이 되었고, 결국 누군가에게 실제로 도움이 되는 아이디어로 이어졌습니다.

이 사례가 말해 주는 것은 분명합니다. 세상을 깊이 관찰하는 습관은 생각을 확장하는 시작점이라는 사실입니다. 아이는 관찰을 통해 정보를 얻고, 방향을 찾고, 행동의 기준을 세웁니다. 그리고 그 관찰이 경험과 지식, 다양한 관심사와 연결되면서 새로운 가능성이 열립니다. 어릴 때 길러진 관찰 습관은 어른이 되어서도 변화 속에서 패턴을 읽고 통찰을 만들어 내는 힘이 됩니다.

일상에서 관찰력을 키우는 방법

아이들은 원래 관찰을 좋아합니다. 운동장에 나가 보면 유치원생이나 저학년 아이들이 개미나 작은 벌레를 한참 들여다 보며 즐거워하는 모습을 볼 수 있습니다. 그 작은 생명을 친구처럼 여기지요.

어느 날 2학년 아이들이 우르르 모여 있길래 가 보니, 다친 장수풍뎅이를 옮길 방법을 고민하고 있었습니다. 마침 제가 가지고 있던 수첩을 잘라 받침대로 쓰게 했더니, 아이들은 사람들이 많이 다니지 않는 나무 뒤로 조심히 옮겨 주었습니다. 저는 그 따뜻한 마음이 귀해 전체 조회 시간에 아이들을 칭찬해 주었습니다. 작은 생명을 관찰하고 도와 준 경험은 아이의 마음에 오래 남는 자부심이 됩니다.

혹시 비슷한 상황에 이렇게 반응한 적은 없으신가요?

"에그 더러워. 손에 세균 묻으면 어쩌려고 그래? 빨리 가자."

무심코 던진 한마디가 아이의 호기심을 꺾고 있지는 않은지 돌아볼 필요가 있습니다. 다시 한번 강조하지만, 관찰은 생각을 확장하는 기회입니다.

같은 사물도 낯설게 보는 습관은 창의력을 키웁니다. 관찰은 단순히 '보는 것'이 아니라, 오래 바라보고 마음으로 데려오는 행위입니다. 인간은 오감으로 세상을 느끼는 존재이니, 관찰한 것을 다양한 감각으로 표현하는 연습도 좋습니다.

가족과 함께 '이름 대신 설명하기' 놀이를 해 보세요. 한 가지 대상을 정하고 그것의 이름을 말하지 않고 오감으로 느낀 것을 설명한 뒤에 나머지 가족이 맞히는 겁니다. 예를 들어 '귤'을 제시어로 마음속에 정해 두고 이렇게 설명하는 거예요.

"겉은 주황색이고 부드러운 껍질에 아주 작은 구멍들이 있어. 껍질을 벗기면 여러 조각으로 갈라진 과육이 나오는데, 한 입 씹으면 새콤달콤한 즙이 터져. 이 과일은 무엇일까?"

이 놀이를 통해 아이들은 당연하게 여겼던 사물의 이면을 다시 들여다보게 됩니다. 표현도 훨씬 풍부해지지요. 또 온 가족이 하루를 보내며 관찰했던 것들을 하나씩 떠올려 이야기하는 시간을 가져 보세요.

"엄마가 오늘 시장에 가다 보니 전깃줄 위에 새들이 까맣게 앉아 있더라. 마치 친척들이 모여 수다 떠는 것 같았어. 서로 무슨 이야기를 나누는지 궁금하더라. 너는 오늘 학교에 오가며 무엇을 보았어?"

부모가 먼저 시범을 보여 주면 아이는 훨씬 쉽게 자신이 관찰한 것들을 말로 풀어낼 것입니다. 어제와 오늘의 달라진 점,

계절의 변화, 기분에 따라 다르게 보이는 풍경까지 주제로 삼아 이야기해 보세요. 보이는 것뿐 아니라 소리, 냄새, 촉감 등 두 가지 이상의 감각으로 표현하기를 규칙으로 정해 두면 더 좋습니다.

이런 작은 연습이 AI 시대에 필요한 생각의 힘을 기르는 데 큰 도움이 됩니다. 관찰하고, 질문하고, 탐구하고, 다른 관점에서 바라보고, 함께 이야기하는 과정 속에서 아이의 사고는 단단해집니다.

생활 속의 불편함을 깊이 관찰하는 것도 중요합니다. 행정안전부에서 주관하는 2024년 5월 정부혁신 유공 시상식에서 한국도로공사 윤석덕 차장은 고속도로 분기점에 목적지별 색깔 유도선을 도입한 공로로 국민훈장을 받았습니다. 현재 고속도로 곳곳에 칠해진 노면 색깔 유도선은 많은 운전자가 길을 헷갈려 사고가 발생하는 문제를 관찰한 뒤 고민한 결과로 나온 아이디어였습니다.

이 모든 것의 출발점은 '그냥 지나치지 않는 눈'이었습니다. 어릴 때부터 호기심을 가지고 깊이 관찰하는 습관은 훗날 사용자 중심의 발명으로 이어지고, 고객의 필요를 읽어 내는 기업가적 사고로 확장됩니다. AI 시대일수록 더 필요한 힘이 바로 이것입니다.

아이에게 대단한 것을 요구하지 않아도 됩니다. 오늘 하루,

무엇을 유심히 보았는지 묻는 것부터 시작해 보세요. 깊이 보
는 아이는 결국 멀리 갑니다.

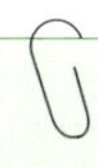

관찰 습관을 키우는 3가지 실천

1) 이름 대신 설명하기 놀이
2) 하루 한 가지 관찰한 뒤 이야기 나누기
3) 두 가지 이상 감각으로 표현하기

비교하고 분류하는 습관
(구조화)

구조화는 생각의 질서를 만든다

AI 시대에는 정답을 빨리 찾는 능력보다 쏟아지는 정보 속에서 맥락을 읽고 질문을 만드는 힘이 더 중요합니다. 그 핵심이 바로 '비교'와 '분류'입니다. 비교는 다름을 발견하는 힘이고, 분류는 흩어진 정보를 질서 있게 묶는 힘입니다. 이 두 가지 능력이 자랄 때 아이의 사고는 구조를 갖게 됩니다. 구조가 생기면 판단이 명확해지고, 판단이 명확해지면 통찰이 생겨납니다. 관찰이 생각의 출발점이라면, 비교와 분류는 생각의 뼈대이지요. 비교는 둘 이상의 사물을 견주어 공통점이나 차이점을 찾고 우열을 살피고 평가하는 것입니다. 또 분류는 사물을 종류에 따라 가르는 것이고요.

일상에서 구조화 능력을 키우는 방법

이 습관은 거창한 학습이 아니라 생활 속에서 충분히 기를 수 있습니다. 놀이를 하거나 시장 또는 마트에 갔을 때, 자연 속에서도 간단한 질문을 던짐으로써 비교하고 분류하며 생각의 구조를 만들 수 있습니다.

① 생활 속에서 비교하는 습관 만들기

아이가 비교의 핵심을 경험하기 위해서는 반드시 둘 이상의 사물이나 대상이 있어야겠지요. 아이들이 좋아하는 반려동물 중 개와 고양이로 예를 들어보겠습니다.

부모　개와 고양이의 공통점은 어떤 것이 있을까? 자세히 알아보기 위해 AI를 사용해도 되니까 천천히 찾아보겠니?

아들(딸)　개와 고양이 모두 새끼에게 젖을 먹여 키우는 포유

류에 속해요. 육식동물이고 날카로운 송곳니와 발톱을 가졌고, 사람과 오랜 기간 함께 살아온 반려동물이고요. 뛰어난 청각과 후각도 가지고 있어요. 또 꼬리나 귀로 감정을 잘 표현해요.

부모 우와, 우리 아들(딸)이 정말 탐구를 잘했네. 그러면 차이점은 어떤 것이 있을까?

아들(딸) 개는 사람들과 함께 있는 것을 좋아하고, 고양이는 혼자 있는 것을 좋아하는 편이래요. 개는 으르렁거리며 짖고, 고양이는 '야옹'하면서 울어요. 개는 비교적 훈련이 잘되지만, 고양이는 자기 의지대로 행동해서 훈련이 어렵대요.

부모 우리 아들(딸)이 개와 고양이 비교를 아주 잘했다. 그럼 만약에 네가 반려동물을 키운다면 개와 고양이 중 어떤 동물을 키워 보고 싶어? 너와 잘 맞는 동물이 무엇일지 궁금하다. 그리고 그 이유도 함께 이야기해 줄래?

다른 주제로도 아이와 질문과 대화를 통해 비교해 보세요. 아이는 놀이처럼 받아들이지만 머릿속에서는 정보가 구조화되는 과정을 경험하고 있을 서예요.

② 나만의 기준으로 분류해 보기

생활 속에서 자신만의 기준으로 대상을 분류하는 경험은 자기 생각을 정리하고 표현하는 연습을 할 수 있는 좋은 기회입니다. 가장 쉬운 접근 방법으로는 재활용품 분리수거가 있습니다. 아이와 함께 직접 종이류, 플라스틱류, 병류 등을 나누어 배출해 보세요. 또 세탁을 위해 흰색, 검정색 등으로 빨래를 분류하는 것도 좋습니다.

주말의 경우 자신의 방을 직접 정리해 보도록 역할을 부여하는 것도 방법입니다. 서랍을 정리할 때는 자주 사용하는 것은 맨 위에, 자주 사용하지 않는 것은 맨 아래 칸에 넣으면 편리하다는 것을 알려주세요. 아이의 동선을 고려해서 정리할 수 있도록 도와주는 겁니다. 그 밖에도 스마트폰 속 사진을 폴더별로 구분해 분류하도록 합니다. 아이가 시작을 어려워한다면 '가족', '친구', '여행' 같은 기준을 가르쳐 주고 이에 맞게 분류할 수 있도록 개입하면 됩니다. 이런 활동을 통해 혼재된 정보 속에서 패턴을 발견하는 힘을 기를 수 있습니다.

③ 분류의 기준 말하기

지금까지는 자신의 기준으로 분류하는 연습을 해 왔다면, 이미 분류해 놓은 것들의 기준을 찾아내고 말해 보는 경험도 필요합니다. 예를 들어 마트나 편의점에 진열된 수많은 음료수를 보고 아이와 함께 기준을 파악해 보는 겁니다.

> **부모**　여기 진열된 음료수를 보고 분류 기준을 한번 파악해 볼까? (관찰하고 탐구할 수 있는 시간을 충분히 주세요.)
>
> **아들(딸)**　음료수 중에서 여긴 탄산음료끼리 모아 놨네요. 그리고 여긴 우유 종류와 두유 종류, 또 여긴 요구르트, 이온음료로 구분돼 있어요.
>
> **부모**　우리 아들(딸)이 음료수 분류를 아주 잘하는구나! 지금부터는 네가 마시고 싶은 음료수를 골라 볼래?

사소한 것이라도 부모와 함께 분류를 해 본 아이는 세상의 많은 것들에 대해 호기심을 가지며, 주변을 관찰하고 탐구하는 습관이 자연스럽게 길러집니다. 부모의 질문이 아이의 사고를 한 단계 끌어올릴 수 있습니다.

④ 이름을 붙이고 덩어리로 나누기

주말 계획을 짤 때도 구조화 연습이 가능합니다. '할 일', '놀이', '가족 시간'처럼 큰 범주를 정하고 그 안에 세부 항목을 채워 넣습니다. 할 일 영역에는 학원 숙제나 방 청소, 놀이에는 게임이나 친구와 놀기, 가족 시간에는 외식이나 대화 시간을 넣어 봅니다. 이렇게 덩어리로 나누는 연습은 생각의 우선순위를 정하는 힘을 키워 줍니다. 이 외에도 용돈 기입장을 쓰거나 플래너 작성하기도 활용해 보세요.

비교 및 분류 습관을 키우는 3가지 실천

1) 생활 속 사물이나 대상 비교하기
2) 나만의 기준으로 묶고 분류하기
3) 분류한 기준 말하기

연결하고 융합하는 습관

연결은 생각을 확장시킨다

아이들의 생각이 확장되는 순간을 가만히 들여다보면 공통점이 있습니다. 자신이 좋아하는 것에 깊이 몰입하다가, 어느 순간 두 가지 이상을 연결해 새로운 것을 만들어 내는 지점을 경험한다는 것입니다. 이러한 경험의 반복으로 연결하고 융합하는 습관을 기른 아이는 창의적인 결과를 만들어 내는 힘을 지닙니다. 이 습관은 단순히 공부를 잘하게 만드는 기술이 아니라, 세상을 더 넓고 깊게 이해하게 하는 '사고의 근육'입니다.

AI는 이미 있는 정보를 빠르게 찾는 데는 탁월합니다. 그러나 서로 다른 분야를 연결하고, 새로운 가치를 만들어 내는 융합적 사고는 여전히 인간만의 영역입니다.

일상에서 연결하고 융합하는 힘을 키우는 방법

그렇다면 생활 속에서 연결하고 융합하는 습관을 어떻게 기를 수 있을까요?

① 좋아하는 것에 깊이 머물게 하기

연결은 억지로 만들어지지 않습니다. 출발은 아이가 무엇을 좋아하고 호기심을 느끼는지 아는 것이지요. 아이들은 관심 있는 것을 만나면 눈빛부터 달라집니다. 반짝거리는 눈으로 쉴 새 없이 질문을 쏟아 내지요. 관련 책을 읽거나 필요한 물건을 구해 달라고 요구하기도 합니다. 그러다가 시간이 지나면 스스로 목표를 세우고 내적 동기를 바탕으로 움직이기 시작합니다.

아이들의 사고 확장은 놀이에서 시작되는 경우가 많습니다. 종이접기에서 시작해 레고나 블록으로, 다시 로봇 조립과 코딩으로 확장됩니다. 그러다 보면 수학적 개념이 필요하다는 사실을 깨닫고 공부에 몰입하는 순간도 찾아옵니다. 그래서 무엇보다 중요한 것은 아이가 한 대상에 충분히 머물 수 있도록 기다려 주는 일입니다. 길을 가다가 곤충이나 식물, 낙엽에 관심을 보인다면 가던 길을 재촉하지 말고 멈춰서 바라봐 주세요.

박물관이나 과학관, 미술관처럼 아이들이 경험하고 체험할 만한 장소에 가면 부모의 마음은 바빠집니다. 빨리 이곳을 다 보고 다음 장소, 또 다음 장소로 이동해 더 많은 것을 보여주고 싶으니까요. 그런데 아이가 하나에 빠져서 그것만 들여다보고 있으면 어떤가요? 속이 터져서 "빨리빨리"를 외치게 되지요. 이때 서두르고 싶은 마음을 다잡아야 합니다. 아이가 관심을 두고 오래 머무른다면 무엇이 그토록 흥미로운지, 왜 그 부분이 마음을 사로잡았는지 질문해 보세요. 이 머무름이 탐구를 낳고, 탐구가 쌓이면 자연스럽게 다른 영역과 연결되기 시작합니다.

② 서로 다른 것을 연결해 보게 하기

연결은 연습이 가능합니다. 수학 문제를 풀다가 음악의 리듬을 떠올리거나, 과학 시간에 배운 내용을 요리에 적용하는 등 일상에서 과목과 경험을 넘나들게 도와주세요. 학교에서 강조해 온 'STEAM 교육'도 같은 맥락입니다. STEAM 교육이란 과학Science, 기술Technology, 공학Engineering, 예술Arts, 수학Mathematics

을 통합해 하나의 문제를 해결하는 과정에서 학습이 이루어지도록 설계된 교육 방식을 말합니다. 단순히 과목을 함께 배운다는 개념을 넘어, 하나의 주제를 중심으로 여러 지식을 연결하는 경험에 가깝습니다.

가정에서도 비슷한 프로젝트를 시도해 볼 수 있습니다. 예를 들어 아이와 함께 핫팩을 분해해 보고 성분을 살펴보며 과학 원리를 탐구해 보세요. 하나의 사물을 통해 여러 개념을 이어보게 하는 것입니다. 이때 AI를 활용해 보아도 좋아요. 또 전혀 관계가 없을 것 같은 두 단어를 연결하는 놀이도 좋습니다. 스티브 잡스는 이를 "점들의 연결Connecting the dots"이라고 표현했습니다. 지금은 흩어진 점처럼 보이지만, 훗날 돌아보면 그 점들이 이어져 하나의 길이 된다는 뜻인데요. 예를 들어 '비누'와 '구름'을 연결해 새로운 제품을 상상해 보거나, '마음이 엉클어진 수세미 같아'와 같은 비유를 만들어볼 수도 있습니다. 이런 연습은 뇌의 유연성을 키워 줍니다.

실생활의 문제를 해결하는 과정도 좋은 훈련이 됩니다. 불편함을 관찰하고, 설계하고, 만들고, 개선하는 경험은 자연스럽게 여러 지식을 융합하게 만듭니다. 예를 들어 휠체어를 손으로만 움직여야 하는 것에서 불편함을 발견하고, 기어 장치를 활용해 힘을 덜 들이도록 개선했다면 이는 연결과 융합의 결과입니다.

AI는 정보를 빠르게 찾고 정리합니다. 그러나 무엇을 연결할지 결정하는 일은 인간의 몫입니다. 정답을 아는 아이보다 서로 다른 것을 엮어 새로운 질문을 만드는 아이가 앞으로 더 큰 힘을 갖게 될 겁니다. 아이들이 엉뚱한 생각을 하거나 예상 밖의 아이디어를 낸다고 해도 나무라지 마세요. 창의적인 융합은 그 엉뚱함에서 시작되기도 하니까요. 언제나 실패해도 괜찮다는 메시지를 함께 전해 주세요.

지금은 흩어진 조각처럼 보이는 경험들도 언젠가 점이 되어 연결됩니다. 그 점들을 이어 주는 습관, 오늘 저녁 식탁에서부터 시작해 보면 어떨까요?

연결 및 융합 습관을 기르는 3가지 실천

1) 좋아하는 것에 충분히 머물게 하기
2) 서로 다른 경험을 의도적으로 연결해 보기
3) 생활 속 문제를 프로젝트처럼 해결해 보기

상상하고 예측하는 습관

상상은 미래를 준비하는 힘이다

아이들이 어릴 때부터 가장 쉽게 기를 수 있는 능력 중 하나가 상상력입니다. 부모가 아이의 생각을 막지만 않는다면 말이지요. 상상은 단순히 공상을 뜻하는 것이 아닙니다. 아직 오지 않은 미래를 그려 보고, 그 다음 벌어질 일을 예측하는 힘입니다. 이 능력은 미래를 준비하는 사고의 토대가 됩니다.

상상력은 거창한 준비 없이도 충분히 키울 수 있습니다.

① '만약에' 질문으로 상상의 문 열어 주기

차를 타고 이동하는 시간이나 식사 시간 같은 자투리 시간을 활용해 보세요.

"만약에 네가 동물과 대화할 수 있다면 반려견에게 어떤 질문을 해 보고 싶어?"
"만약에 네가 우주여행을 간다면 어디에 가서 무엇을 가장 먼저 해 보고 싶어?"

이렇게 '만약에'라는 가정을 던져 보는 겁니다. 반대로 아이가 부모에게 질문할 수 있는 기회를 주세요. 또 하루에 한 번 엉뚱한 가정을 해 보고, 그 결과를 상상해 노트에 적어 보는 것도 좋습니다.

"반려견이 말을 한다면 나에게 가장 먼저 무슨 말을 할까?"
"서울과 뉴욕 사이의 이동 시간이 절반으로 줄어든다면 어떤 일이 벌어질까?"

이런 질문은 상상력과 함께 논리적 추론 능력도 길러 줍니다.

② 이야기를 이어가며 사례를 바꿔보기

아이들이 읽고 있는 책의 다음 내용을 함께 상상하는 것도 좋은 방법입니다. 김리리 작가의 『만복이네 떡집』(비룡소)을 예로 들어 보겠습니다. 이 책을 읽은 뒤 그 이후에 어떤 이야기가 펼쳐질지 함께 이야기해 보세요. 주인공 만복이가 떡집 주인이 되어서 친구들의 고민을 해결해 준다든가, 가족이나 주변의 어른들에게 행복을 선물하는 사람이 되는 등 아이는 우리가 전혀 예상하지 못한 방향으로 이야기를 확장해 나갈 수 있습니다.

좋아하는 영화로도 이어가기 놀이가 가능합니다. 영화 〈주토피아〉의 결말을 바꾼다면 어떤 이야기가 될까요? 또 새로운 사선을 추기한다면 무엇이 좋을까요? 이런 '상상 이어가기'는 이야기 구조를 이해하고 다음을 예측하는 힘을 키워 줍니다.

덧붙여 책을 많이, 또 깊이 읽고 예측하는 습관은 문해력과도 연결됩니다. 시험에서 빈칸을 채우는 문제를 풀 때도, 맥락을 예측하는 능력은 큰 힘을 발휘합니다.

③ 발명가처럼 문제를 푸는 상상해 보기

일상의 불편함을 잘 관찰하게 한 다음 "네가 발명가라면 무엇을 만들고 싶어?"라고 질문해 보세요. 두 가지 이상의 물건을 합쳐서 새로운 물건을 만들어 내는 상상도 좋습니다.

해마다 3월이면 학교에서는 발명품 만들기 대회가 열리곤 합니다. 학급 대회에서 시작해 교내 대회, 지역 대회로 이어지지지요. 이런 대회를 염두에 둔다면 학년이 시작되기 전인 1월이나 2월부터 천천히 아이와 아이디어를 나누어 보는 것이 도움이 됩니다. 여기서 중요한 것은 상을 받느냐 못 받느냐가 아니라, 문제를 발견하고 해결하는 과정을 기획하는 경험 자체에 있습니다. 실제로 무언가를 설계하고 만들어 보는 경험은 상상을 구체화하는 좋은 훈련이 되지요.

④ 상상을 기획으로 연결하는 연습: 바이브 코딩

컴퓨터 언어를 직접 입력하지 않아도, 말로 설명해 프로그램을 만들 수 있는 시대가 되었습니다. 이를 '바이브 코딩'이라고 부르는데요. 여기서 중요한 것은 코드를 짜고 외우는 능력이 아니라, 어떤 프로그램을 만들고 싶은지 상상하고 구체적으로 설명하는 능력입니다. 또한 우리 앞에 놓인 문제를 컴퓨터 과학의 기본 개념으로 끌고 와서 해결하고, 큰 문제도 작고 논리적인 단위로 분해한 뒤 패턴을 발견해서 해결하는 컴퓨팅 사고력도 필요하지요.

> "바퀴벌레 경찰이라는 캐릭터가 상하좌우로 움직이며 사방
> 으로 달아나는 바퀴벌레를 잡으면 점수가 올라가는 게임을
> 만들어 줘."

이처럼 구체적으로 말할 수 있어야 합니다. 이를 위해서는 동사를 정확하게 선택하고 상황을 자세하게 설명하는 연습이 필요합니다. AI가 만든 결과물이 마음에 들지 않는다면 "이 부분은 이렇게 수정해 줘"라고 다시 요청하며 검증하는 과정도 빼놓을 수 없습니다.

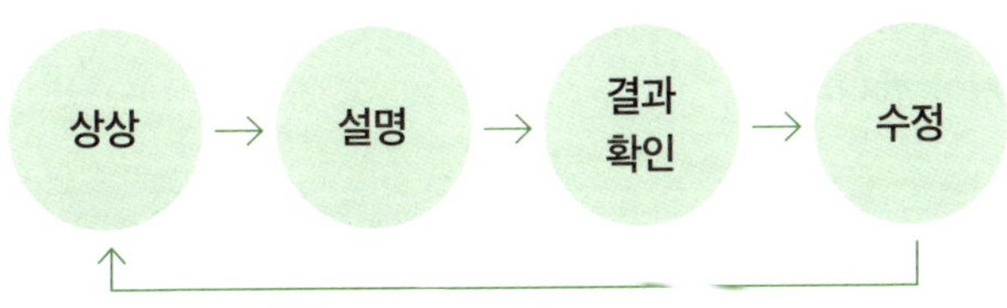

이 반복 과정이 기획력과 논리력을 함께 길러줍니다. 어른의 시선에서 보면 아이의 상상이 터무니없어 보일 때도 있습니다. 그럴 때 빈정거리거나 부정적으로 반응하지 마세요. 대신 "왜 그렇게 생각했어?", "그 다음엔 어떻게 될까?"라고 질문하세요. 부모의 반응은 아이의 상상력을 키우기도, 꺾기도 합니

다. 상상하고 예측하는 능력은 훗날 깊은 지혜와 통찰로 이어
질 것입니다.

알아두면 좋은 웹사이트 : 깃허브_{GitHub}

사람들이 만든 프로그램이나 게임을 공유하고 함께 개선하
는 웹사이트도 있습니다. 대표적인 곳이 바로 '깃허브'입니
다. 이곳에서는 다양한 프로젝트를 살펴보고, 다른 사람이 만
든 코드를 읽어 보고, 함께 수정하며 발전시킬 수 있습니다.
아이가 단순히 자동으로 코드를 생성하는 것을 넘어서 어떻
게 작동하는지 궁금해하고 탐구하는 단계로 나아간다면, 이
런 사이트를 부모와 함께 둘러보는 것도 좋은 경험이 될 수
있습니다. AI 시대를 살아갈 아이에게는 도구를 사용하는
능력과 더불어 결과를 이해하고 검증하려는 태도가 함께 길
러져야 합니다.

다양한 관점으로 보는 습관

관점을 바꾸면 세상이 달라진다

같은 장면을 보고도 사람마다 다르게 느끼는 이유는 무엇일까요? 우리는 각자 자신의 경험과 생각의 틀 안에서 세상을 바라봅니다. 그래서 내 기준으로 이해되지 않는 일이 생기면 화가 나고, 답답해지고, 때로는 상처를 받아요. 하지만 잠시 멈춰 다른 사람의 관점으로 바꿔서 생각해 보면 전혀 다른 풍경이 보이기도 합니다. 다양한 관점으로 보는 습관은 아이가 자기 생각에만 머무르지 않고, 세상을 입체적으로 이해하도록 도와

일상에서 다양한 관점으로 보는 힘을 키우는 방법

그렇다면 일상에서 다양한 관점으로 보는 습관을 어떻게 길러 줄 수 있을까요?

① 타인의 입장이 되어 보게 하기

가장 좋은 방법은 '다른 사람이 되어 보는' 경험을 하게 도와주는 것입니다. 부모가 상황을 설정하고, 그 역할 속에서 어떤 생각이 드는지 이야기 나누어 보세요. 이때 책은 훌륭한 도구가 됩니다.

정진호 작가의 『위를 봐요』(현암주니어)라는 책은 사고 후 휠체어를 타게 된 소녀 수지가 아파트에서 아래를 내려다보며 고립감을 느끼는 이야기입니다. 사람들은 바쁘게 지나가고 수지의 눈에는 정수리만 보일 뿐 아무도 "위를 봐요!"라는 외침을 듣지 못하지요. 그러다 한 아이가 고개를 들어 수지를 발견하고, 내려오지 못하는 수지를 위해 길바닥에 누워 눈을 맞춥니다. 그 모습을 본 사람들도 하나둘 함께 누워 위를 바라보며 수지와 시선을 나눕니다. 그 순간 흑백이었던 수지의 세상은 다시 색을 되찾습니다. 이 책을 읽고 어떤 대화를 나눌 수 있을까요?

엄마　　수지가 사고로 다리를 다쳐 아파트에서 아래를 내려다보며 지내고 있어. 기분이 어떨까? 네가 수지라면 어떤 생각이 들 것 같아?

딸(아들)　너무 답답하고 속상할 것 같아요. 삶의 의욕이 없어질 수도 있을 것 같아요.

엄마　　맞아. 정말 답답하겠다. 길에서 위를 올려다보던 아이가 수지를 발견하고 말을 걸어 주잖아. 네가 그 아이라면 어떻게 했을 것 같아?

딸(아들)　저도 누워서 바라보고, 집에 놀러 가서 친구가 되어 줄 것 같아요.

이런 책 대화를 통해 아이는 공감 능력을 기를 수 있고, 한 상황을 입체적으로 바라보는 연습을 하게 됩니다.

또 다른 방법은 신문 기사를 활용하는 것입니다. 아이가 관심을 갖는 기사를 함께 읽고 등장인물의 입장에서 생각하게 하세요. 예를 들어 가정 형편이 어려워서 폐휴지를 주워 생활비를 보태는 어린이의 기사를 읽었다면, 그 아이의 입장에서 하루를 상상해 보고 어떤 마음일지 이야기해 볼 수 있습니다. 신문은 세상의 다양한 모습을 보여주기 때문에 문제를 이해하고 해결 방안을 함께 고민할 수 있는 좋은 재료입니다.

② 같은 주제를 다른 각도에서 바라보게 하기

관점 전환은 연습이 가능합니다. 하나의 주제를 두고 찬성과 반대 입장을 모두 생각하는 방식입니다. 처음에는 낯설지 몰라도 역할을 바꿔 주장하는 과정에서 사고가 확장됩니다. 시산의 관점도 바꿔 볼 수 있습니다.

"10년 뒤의 나는 이 문제를 어떻게 볼까?"
"과거의 나라면 어떤 선택을 했을까?"

크기를 바꿔 상상해 보는 것도 좋은 방법입니다.

"개미의 눈으로 본다면?"
"우주에서 지구를 내려다본다면?"

이처럼 시점과 거리, 위치를 바꾸는 연습은 생각의 틀을 유연하게 만들어 줍니다. 같은 문제도 전혀 다른 답으로 이어질 수 있습니다.

③ 여섯 가지 생각 모드로 토론하기: 6색 사고 모자 기법

다양한 관점 훈련의 방법으로 '6색 사고 모자 기법'Six Thinking Hats이 있습니다. 하나의 주제를 여섯 가지 사고 모드로 나누어 생각하는 방식입니다. 가정에서도 간단히 적용할 수 있는데요. 6가지 모자의 의미는 다음과 같습니다.

흰색 모자 사실 모드	사실과 정보 수집에 집중합니다. 확인된 데이터는 무엇인지, 더 필요한 정보는 없는지 살펴봅니다.
빨간색 모자 감정 모드	감정이나 직감을 이야기합니다. 이유 없이 느껴지는 마음 속 감정을 표현합니다.
검은색 모자 조심 모드	위험 요소와 문제점을 찾습니다. 왜 실패할 수 있는지 생각해 봅니다.
노란색 모자 좋은 점 모드	긍정석인 기치와 장점을 찾습니다. 기회나 가능성에 대해 이야기하고, 왜 이것이 필요하고 뮤효힌지 이야기합니다.
초록색 모자 아이디어 모드	새로운 아이디어를 제시합니다. 틀을 깨는 생각을 환영합니다.
파란색 모자 정리와 진행 모드	생각을 정리하고 방향을 잡습니다. 결론과 다음 행동을 정합니다.

이 과정을 통해 아이는 한 가지 답에 머무르지 않고, 여러 방향에서 사고하는 힘을 기를 수 있습니다.

다양한 관점으로 보는 습관은 다른 사람이나 사물을 이해하고 공감하는 능력을 키워 줍니다. 그리고 생각의 폭을 넓혀서 더 깊이 있게 사고할 수 있는 힘을 길러 줘요. 다양한 관점으로 사고하는 아이는 갈등을 이해로 바꾸고 문제를 기회로 전환할 수 있습니다. 아이의 생각이 나와 다르다고 해서 고치려 하지 마세요. 그 다름 속에서 새로운 관점이 자랍니다. 오늘 저녁 식탁에서 하나의 주제를 정해 서로 다른 입장이 되어 이야기를 나누어 보는 것, 거기서부터 관점의 힘이 시작됩니다.

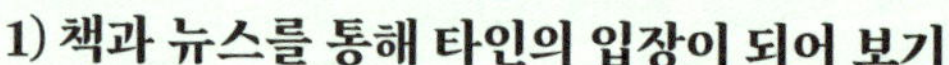

다양한 관점 습관을 기르는 3가지 실천

1) 책과 뉴스를 통해 타인의 입장이 되어 보기
2) 하나의 주제를 찬반·시간·거리 등 다양한 각도에서 생각해 보기
3) 6색 사고 모드로 토론하며 생각을 확장하기

질문하고 검증하고
재해석하는 습관

질문이 아이를 단단하게 만든다

어려운 여건 속에서도 아이를 단단하게 키워 낸 부모들과 이야기를 나누다 보면 깊은 울림을 얻습니다.『준규네 홈스쿨』 (진서원)을 쓴 김지현 작가 역시 그랬습니다.

준규는 어릴 때부터 남달랐다고 합니다. 가족이 외식을 나가도 한 자리에 오래 앉아 있지 못했습니다. 엄마와 아빠는 번갈아 아이를 데리고 식당 밖으로 나가 걷거나 놀아 주며 식사를 해야 했지요. 부모가 원하는 대로 쉽게 움직여 주지 않는 아이 앞에서 막막함을 느끼는 날도 많았다고 합니다. 그때 김지현 작가는 아이를 바꾸기 위해 애쓰기보다 스스로 공부하기 시작했습니다. 교육, 철학, 인문학을 파고들며 스스로에게 질문을 던졌습니다.

"아이가 말을 듣지 않는 본질적인 이유는 무엇일까?"
"혹시 내가 틀린 것은 아닐까?"

이 질문은 아이를 제어하기 위한 것이 아니라 이해하기 위한 시도였습니다. 파고들고 또 파고들며 원인을 찾았고, 동시에 자신도 돌아보았습니다. 엄마의 습관은 자연스럽게 아이에게도 이어졌습니다. 준규는 '나에게 어떤 학습 방법이 맞을까?'라는 질문이 떠오르면, 한 가지 방법에만 매달리지 않았습니다. 교과서로도 공부해 보고, 스스로 공부한 내용을 엄마에게 가르치기도 했습니다. 또 친구에게 설명하기도, 온라인 학습 플랫폼인 '칸 아카데미'라는 곳을 활용하기도 했습니다. 혼자서도 해 보고 엄마와 함께 하기도 했지요. 그리고 효과가 느껴지지 않으면 이렇게 말했다고 합니다.

"처음부터 다시 해 보자!"

준규는 원점으로 돌아가는 것을 두려워하지 않았습니다. 장기 계획과 단기 계획을 세우고, 방법을 수정하고, 또다시 시도했지요. 그러면서 자신에게 가장 효과적인 공부 방법을 찾아 갔습니다. 초등학교 3학년부터 6학년까지 홈스쿨링을 하던 준규는 한국과학영재학교 진학이라는 꿈이 생긴 뒤 처음으로 수학 학원에 발을 들였습니다. 그때 준규는 엄마에게 이렇게 말했습니다.

"엄마, 학원에서 가르쳐 주는 대로 하니까 너무 편해."

스스로 공부 방법을 찾기 위해 맨땅에 헤딩하며 '혼자 하는 공부'의 매운맛을 본 아이만이 느낄 수 있는 감각이었습니다. 시행착오를 통해 다져진 '질문-검증-재해석'의 과정이 아이에게 강력한 메타인지를 선물한 것입니다.

대부분의 아이는 이유도 모른 재 어른이 시키는 대로 공부하다 동력을 잃곤 합니다. 하지만 스스로 질문하고 검증하는 습관을 지닌 아이는 공부의 가치를 스스로 정의하기에 쉽게 무너지지 않습니다.

한 번은 학원에서 심화 문제를 하루에 10개씩 숙제로 내준 적이 있습니다. 준규는 친구 두 명과 문제를 나누어 풀고 정답과 풀이 과정을 공유하는 협업을 선택했습니다. 처음엔 '숙제하기 싫어서 부리는 꼼수인가?'라고 생각했던 엄마는 몇 달을 가만히 지켜보았습니다. 그리고 어느 날 진심으로 궁금해져서 다시 물어보았습니다.

"준규야, 문제를 나누어 풀면 네가 직접 풀지 않은 부분은 모른 채 넘어가서 손해가 아닐까?"

그러자 준규가 답했습니다.

"엄마, 혼자 10문제를 다 풀려면 힘들어서 금방 포기하게 돼요. 하지만 나누어 풀면 해 볼 마음이 생겨요. 끝까지 완주할 수 있고요."

엄마의 잣대로 다그쳤다면 결코 들을 수 없을 답변이었습니다. 이렇게 스스로 생각하고 최선의 대안을 찾아내는 습관은 놀라운 결과를 가져왔습니다. 고등학교 시절 어려운 프로젝트를 끝까지 수행하는 끈기의 밑거름이 되었고, 결국 옥스퍼드대학교 입학시험 중 하나인 PAT에서 100점 만점이라는 경이로운 성적을 거두었습니다. (참고로 PAT Physics Aptitude Test는 특정 전공 지원자를 위한 수학 & 물리 기반 사고력 시험으로, 당시 합격자 평균은 77.7점이었습니다.)

일상에서 질문하고 검증하고 재해석하는 힘을 키우는 방법

정답을 알려주는 AI가 일상이 된 시대일수록 '스스로 생각하는 과정'은 아이의 핵심 역량이 됩니다. 이를 위해 가정에서는 아이에게 세 가지 습관을 꼭 만들어 주세요.

① 질문하는 습관

아이에게 정답을 주기보다는 질문을 던져 주세요.

- 왜 그럴까? (원인 분석)

- 어떻게 알 수 있을까? (근거 찾기)

- 다른 방법은 없을까? (대안 탐색)

- 만약 이렇게 하면 어떻게 될까? (가설 세우기)

평상시 부모가 먼저 유연한 질문을 던지며 아이의 상상력을 자극해 주세요. 질문은 생각을 움직이게 합니다.

② 검증하는 습관

AI가 내놓은 답도 오류가 있을 수 있음을 가르쳐야 합니다.

- 그 말의 근거는 무엇일까?

- 예외는 없을까?

- 다른 자료에서도 같은 결론이 나올까?

AI를 정답지가 아닌 '생각의 도구'로 활용하게 하는 것이 핵심입니다.

- 먼저 스스로 생각해 보기

- AI 답변과 비교해 보기

- 더 나은 답으로 수정해 보기

AI는 답을 주지만, 검증은 인간의 몫입니다.

③ 나만의 관점으로 재해석하는 습관

정보를 그대로 받아들이지 않고 자신의 관점에서 재해석하는 능력은 '나다움'을 실천하는 길입니다. 이것이야말로 AI에 대체되지 않고 세상을 리드하는 힘입니다.

스스로 질문하고, 검증하고, 재해석하는 아이는 어떤 거센 파도에도 무너지지 않는 단단한 내면을 갖게 됩니다. 질문하는 부모가 질문하는 아이를 만듭니다. 오늘, 아이에게 깊이 있는 질문 하나를 건네 보는 건 어떨까요?

질문·검증·재해석 습관을 기르는 3가지 실천

1) 일상 대화를 질문 중심으로 바꾸기
2) 정보를 그대로 믿지 않고 근거를 찾아보기
3) 배운 내용을 자신의 언어로 다시 설명해 보기

3부

아이의 생각 크기를 결정하는 부모의 세계관

아이의 사고를 확장하는 부모의 언어와 태도

부모의 언어가
아이의 생각을 키운다

아이를 바꾸지 않았더니,
아이가 달라졌다

많은 부모가 또래와 비교했을 때 아이의 성장이 늦거나 남다른 행동을 보이면 불안해합니다. 다른 집 아이는 네다섯 살이면 차분히 앉아 그림책을 읽는다던데, 우리 아이는 온 집안을 장난감으로 어지르고 흙을 먹어 보거나 친구에게 공격적인 행동을 보이면 부모 가슴은 철렁 내려앉습니다.

그런데 아이를 정말 잘 키운 부모들을 만나 보면 공통점이 있습니다. 아이를 고치려 하기보다, 있는 그대로 믿고 존중해 주었다는 점이지요. 이들은 아이를 바꾸지 않았더니 아이가 달라졌다고 입을 모아 말합니다.

사회적 기준과 부모의 불안

앞서 소개한 준규의 이야기를 좀 더 해 보겠습니다. TV프로 그램 〈영재발굴단〉에 출연한 적 있는 준규는 초등학교 3학년 부터 6학년까지 홈스쿨링을 했습니다. 이 가족에게 처음부터 완벽한 계획이 있었던 것은 아니었습니다. 아이가 학교 생활 을 너무 힘들어하자 부모가 공부하고 연구하며 함께 길을 만들 어 간 것이었지요. 물론 그 과정에는 수많은 눈물과 좌절이 있 었습니다. 그러나 부모는 아이를 문제로 규정하지 않았습니다. 환경을 바꾸고, 방법을 바꾸고, 또 자신들의 생각을 점검했습 니다. 결국 준규는 영국의 옥스퍼드대학교에 대한민국 학생 최 초, 학부 전액 장학생으로 입학했습니다.

많은 부모가 아이를 키우며 가장 흔들리는 지점 중 하나가 '사회가 만든 기준'에 맞지 않을 때 생기는 갈등 상황입니다. 신 경과학자 에밀리 포크 Emily Falk 는 저서 『선택의 뇌과학』(인플루엔 셜)에서 사람들은 매 순간 스스로 선택한다고 생각하지만, 실 제로는 환경에 의해 프로그래밍된 가치관의 영향을 크게 받는 다고 말합니다. 아이의 발달이 사회에서 규정한 정상적인 범주 안에 들지 못할 때 불안해지는 이유는 아이의 문제가 아니라 우리 안에 이미 자리 잡은 기준 때문일 수 있습니다.

AI 영재로 성장한 하진이도 어린 시절에는 주변의 걱정을 한몸에 받던 아이였습니다. 한 가지에 빠지면 몇 시간이고 몰두했고, 레고와 자동차 같은 기계에 깊이 빠져 지냈습니다. 주변에서는 하진이 엄마에게 아이를 이대로 둘 것이 아니라 학원이라도 보내 공부를 시켜야 하지 않겠느냐고 권했습니다. 부모로서 흔들릴 법한 순간도 있었지만, 엄마는 흔들리지 않았습니다. 대신 아이의 놀이 방식과 탐구 방식을 존중해 주었습니다.

영어 역시 조급하게 결과를 요구하지 않았습니다. 3세 무렵부터 소리 노출을 시작으로 영어 놀이를 함께했고, 아이가 좋아하는 분야를 중심으로 책과 다양한 콘텐츠를 자연스럽게 접하게 했습니다. 그렇게 쌓인 시간은 영어 실력으로 이어졌습니다. 6세 이후에는 관심 분야와 연결된 영어 유튜브를 꾸준히 시청했고, 스스로 영어 영상을 촬영하면서 말하기에 대한 자신감도 생겼습니다. 이후 국내외 온라인 프로젝트와 토론 수업에 참여하며 세계의 친구들과 소통하고 토론할 수 있을 만큼 성장했습니다.

한 분야에 깊이 몰입하고 서로 다른 관심사를 연결하며 확장해 나가던 습관은 초등학교 3학년이 되자 발명대회로 이어졌고, 결국 전국대회에서 장관상을 받았습니다. 지금도 하진이는 AI를 연구하고 프로그래밍하며 새로운 것을 만들어 가고 있습니다. 부모의 시선이 달라지자, 아이의 몰입은 더 이상 문제

행동이 아니라 강점이 되었습니다.

사회적 기준은 늘 평균을 향해 아이를 재단하지만, 성장은 평균이 아니라 고유함에서 시작됩니다. 아이가 오래 머무는 곳에는 그 아이만의 질문이 있고, 그 질문을 지켜봐 주는 어른의 태도가 결국 방향을 만듭니다. 몰입은 통제의 대상이 아니라 이해와 신뢰 속에서 자라는 힘입니다. 어쩌면 부모의 역할은 아이를 앞서 끌고 가는 것이 아니라, 아이가 스스로 깊이 파고들 수 있도록 불안을 잠시 내려놓고 기다려 주는 일인지도 모릅니다. 그리고 그 기다림 속에서 아이는 자신의 길을 만들어 갑니다.

부모의 정서와 언어의 영향력

학교에서 만난 부모님들을 보며 가장 안타까웠던 것이 있습니다. 부모가 아이의 단점을 자꾸만 보완하고 부족한 부분을 채워 주려고 애쓴다는 사실입니다. 아이의 단점을 자꾸 보완하려 할수록, 아이는 '나는 부족한 아이'라는 메시지를 받습니다. 아이는 부모의 말을 듣기 전에 표정과 분위기를 읽습니다.

『내 아이를 위한 사교육은 없다』(청림life)를 집필한 김현주 작가의 아들은 어릴 때부터 너무나 작고 말랐습니다. 부모의

눈에 키도 덩치도 크고 잘 먹는 아이들이 얼마나 부러웠을까
요? 하지만 엄마는 내색하지 않고 조급해 하지도 않았습니다.
김현주 작가는 늘 제게 이렇게 말합니다.

"부모가 괜찮으면 아이는 다 괜찮은 거예요."

여행지의 숙소가 낡고 불편해도 부모가 평온하면 아이는 그
것을 문제로 여기지 않습니다. '다 괜찮은 거구나' 하고 받아들
입니다. 아이는 과학고에 입학해 대입을 준비할 때도 스트레스
를 거의 받지 않았다고 합니다. 김현주 작가는 아들에게 항상
이렇게 말해 주었다고 해요.

"실패해도 괜찮아, 또 다른 길이 기다리고 있을 테니까."

그 아이는 결국 명문 공대에 입학해 즐겁게 학교를 다니고
있습니다.

AI 영재 하진맘이 추천하는
무료 AI 공부 사이트

국내 사이트

1) SAI sai.software.kr

   초·중·고 대상 AI 원리·실습 콘텐츠를 무료로 제공

2) 이솦 www.ebssw.kr

   EBS 소프트웨어·AI 교육 플랫폼으로 강좌와 실습 및 크리에이터로 참여 가능

3) 엔트리 playentry.org

   한국형 블록코딩 플랫폼으로 AI·인공지능 확장 기능 제공, 초등에 적합

4) AI Hub(데이터 플랫폼) www.aihub.or.kr

   데이터셋 중심 플랫폼으로 중학생 이상 탐구·프로젝트용 참고 사이트

해외 사이트

1) AI for Oceans(Code.org) code.org/oceans

   영어 기반으로 한국어 지원 가능, 바다 쓰레기 분류 게임을 통해 인공지능이 데이터를 학습하는 과정을 체험하는 초등용 AI 입문 사이트

2) Code.org AI 커리큘럼 code.org/ai (영어), code.org/ko (한국어)

   영어 기반으로 한국어 지원 가능, 영상과 활동을 통해 인공지능의 원리와 윤리까지 체계적으로 이해할 수 있는 교육 프로그램

3) Scratch scratch.mit.edu

영어 기반, 블록코딩으로 게임과 애니메이션을 만들며 알고리즘과 간단한 AI
개념을 익힐 수 있는 창작 플랫폼

4) Teachable Machine teachablemachine.withgoogle.com

영어 기반, 코드 없이 이미지·소리·포즈 인식 모델을 직접 만들어 보며 AI 학습
원리를 체험하는 웹 도구

5) Machine Learning for Kids machinelearningforkids.co.uk

영어 기반, 어린이와 초·중학생이 블록코딩이나 간단한 Python을 활용해 머신
러닝을 직접 체험해 볼 수 있도록 만든 입문용 AI 학습 플랫폼

6) Kaggle www.kaggle.com/learn

영어 기반, 실제 데이터를 활용해 Python 기반 머신러닝과 데이터 분석을 배우
는 실습 중심 플랫폼

7) Elements of AI www.elementsofai.com

영이 기반, 인공지능의 기본 개념과 원리를 이해할 수 있도록 만든 무료 온라인
입문 강의 사이트

기다림은 아이가 아닌
부모의 문제다

아이를 잘 키운 부모들은 아이와 함께 배우고 성장합니다. 잘 모르는 분야였더라도 아이가 관심 갖는 영역을 함께 공부하고 대화하며 탐구하지요. 부족한 부분을 절대 비난하지 않고, 그 지점을 출발점으로 삼습니다. 부모가 자신의 삶을 살아가면서 동시에 아이가 좋아하는 영역에 함께 발을 들이고, 심지어 재미있게 참여합니다.

제가 이 나이까지 살아 보니 보이는 것이 하나 있습니다. 어떤 아이든 자신에게 맞는 때와 장소에서 반드시 꽃을 피운다는 거예요. 그 전까지의 갈등과 방황은 아이의 문제가 아니라 부모의 불안과 조급함의 문제일 때가 많습니다. 부모는 자신의 고집과 자아를 내려놓고 아이의 시간을 믿어 주세요. 기초 역량과 태도를 길러 주며 따뜻하고 넓은 마음으로 기다려야 합니다. 물론 그 기다림이 생각보다 더 고통스러울 수 있습니다. 하지만 그것은 아이가 아닌 부모의 문제입니다. 그 감정으로 아이를 재단하거나 휘두르려 하면 탈이 납니다. 부모가 이 시간을 어떻게 보내느냐가 아이를 '문제 있는 아이'로 만들지, '자기 길을 가는 아이'로 만들지 결정합니다. 아이를 믿고 존중하는 부모의 언어가 결국 아이의 생각을 키웁니다.

생각 그릇을 키우는 부모의 말 한마디

1) 비교 대신 관심

  "왜 다른 애들처럼 못해?" → "지금 뭐가 제일 재미있어?"

2) 불안 대신 신뢰

  "이러다 큰일 나." → "괜찮아. 시간은 네 편이야."

3) 교정 대신 질문

  "그건 문제야." → "이걸 잘 쓰면 뭐가 될까?"

2

대화가
아이의 잠재력을 끌어올린다

아이를 어리다고 생각하는 순간, 우리는 아이의 생각을 제한합니다. '아직 어려서 우리만큼 깊이 생각하지 못할 거야'라는 전제 아래 대신 선택하고, 부모의 판단을 곧바로 전달하지요. 내 말이 곧 정답이니 따르라는 식입니다. 그러나 아이와 제대로 대화하다 보면 깜짝 놀랄 때가 많습니다. 어른이 어떻게 대화를 이끌었느냐에 따라 잠재된 생각들을 이야기하는 아이들의 능력이 훌륭하기 때문이지요. 중요한 것은 부모가 어떻게 질문하고 기다려 주느냐입니다.

관점을 넓히는 질문 습관

C선생님은 초등학교 3학년 아이들과 토론 수업을 자주 진행합니다. 최근에는 '반려동물 동반 음식점'을 주제로 수업을 열었습니다. 아이들이 반려동물에 대한 관심이 높아 최고의 수업 주제라고 생각했다더군요. 먼저 아이들에게 반려동물과 함께 출입할 수 있는 식당 사진을 보여 주고 이렇게 질문했습니다.

"만약 여러분이 반려동물을 너무 좋아하고 사랑하는 사람이라면 반려동물과 함께 식당을 가는 것이 어떨 것 같아?"

한 아이가 행복한 표정을 지으며 말했습니다.

"정말 좋을 것 같아요. 그동안 외식하러 갈 때마다 우리집 강아지를 바깥에 묶어 두거나, 집에 두고 가야 해서 마음이 아팠는데 마음 편하게 데리고 갈 수 있겠네요."

이어서 질문을 바꾸어 보았습니다.

"그런데 반려동물을 너무 무서워하거나 싫어하는 사람이라면 어떨 것 같아?"

아이들의 대답이 달라졌습니다.

"그럼 정말 싫고 무서울 것 같아요. 그런 식당이라면 아예 안 갈 것 같아요."

이런 방식으로 '반려동물 동반 음식점'에 관한 이야기를 해나가자, 아이들도 쉽게 이해하고 점차 고차원적인 대화까지 나누게 되었습니다. 선생님의 의도는 정답이 아니라 다양한 상황에 처한 사람의 입장에 서서 생각해 보게 하는 것이었지요. 이처럼 질문만으로도 아이들의 사고를 확장시킬 수 있습니다. 가정에서도 이런 질문 훈련을 통해 아이 안의 숨어 있는 생각의 힘을 자연스럽게 끌어올릴 수 있어요.

책으로 나누는 마음 대화

일본 작가 나시키 가호Kaho Nashiki의 소설 『서쪽 마녀가 죽었다』(비룡소)의 주인공 마이는 중학교에 입학하자마자 등교를 거부한 채 외할머니와 지내며 '마녀 수행'을 시작합니다. 할머

니는 규칙적인 생활과 자연 속 삶을 통해 마이에게 스스로 결
정하고 끝까지 밀고 가는 힘을 가르칩니다.

"마녀가 되는 데 가장 중요한 것은 스스로 결정하는 힘이란다."

마이는 이 시간을 통해 마음의 상처를 치유합니다. 치유는
충고가 아니라 대화 속에서 일어납니다. 할머니는 정답을 주지
않았어요. 대신 묻고 기다리며 마이가 내면에 존재하는 힘을 끌
어와 스스로 치유할 수 있도록, 그 시간을 존중해 주었습니다.
게으른 아이가 원래부터 게으른 것은 아닙니다. 생각을 잘
표현하지 못하는 아이도 타고난 한계 때문에 그렇게 된 것이
아닙니다. 어떤 질문을 받고, 어떤 환경에서 존중받았는가에
따라 아이의 반응은 달라집니다.

동작과 그림을 통한 표현 경험

대화는 말로만 이루어지지 않습니다. 저는 존재를 돌보는
몸의 사원을 뜻하는 '바디템플' 단체가 주최한 오픈 클래스에
참여한 적이 있는데요. 이 프로그램은 음악에 맞추어 천천히
걷는 것을 시작으로 점차 춤을 추는 것으로 발전하며 몸의 감

각을 느끼는 활동입니다. 그 과정에서 사람들은 평소 의식하지 못했던 감정과 무의식을 마주합니다. 리더와 팔로워 역할을 번갈아 맡으며 동작을 먼저 하기도 하고, 따라 하기도 하면서 주도하는 부담과 따르는 편안함을 동시에 경험합니다. 어떤 이는 춤을 추며 자신 안의 밝은 모습을 발견했고, 저 역시 타인의 시선을 의식하는 제 모습을 돌아보게 되었습니다.

예술 활동 역시 대화의 통로가 됩니다. 앞서 소개한 큰 도화지에 아이와 번갈아 그림을 그리며 이어 그리는 '그림 대화'는 아이의 내면을 드러내는 한 방법이 될 수 있습니다. 아이의 잠재된 생각과 힘을 발견하는 좋은 시간이 될 수 있어요. 표현의 통로가 다양하게 열릴 때 아이는 스스로도 몰랐던 능력을 발휘합니다. 아이가 어리다고 단정하지 말고 하나의 온전한 존재로 존중해 보세요.

"네 생각이 더 듣고 싶어."

이 한 문장이 아이의 마음에 불을 붙입니다. 아이의 잠재력은 가르침이 아니라 대화 속에서 깨어납니다. 그 문을 여는 사람은 바로 부모입니다.

아이의 생각 그릇을 키우는 부모의 말 한마디

1) 정답 대신 질문

"그건 아니야." → "너는 어떻게 생각해?"

2) 판단 대신 확장

"그렇게 하면 안 돼." → "다른 방법도 있을까?"

3) 단정 대신 존중

"넌 아직 어려." → "네 생각을 더 듣고 싶어."

3

부모의 말투가 바뀌면
아이의 생각 회로가 깨어난다

아이에게 정답을 맞히는 능력보다 더 중요한 것이 있습니다. 바로 자신의 생각을 밖으로 꺼내 놓는 습관과 그 과정에서 느끼는 용기입니다. 아이의 사고력은 부모의 말투에 가장 큰 영향을 받습니다. 같은 내용이라도 부모의 표정, 말투, 목소리 톤 같은 비언어적 표현에 따라 아이는 입을 굳게 닫기도 하고, 반대로 자기 생각을 마음껏 펼치기도 합니다.

부모가 질문을 던질 때마다 아이가 "몰라요", "그냥요"라는 말을 입버릇처럼 내뱉고 대답을 회피하고 있지는 않나요? 만약 아이가 생각하는 행위 자체를 귀찮아하거나 마음의 문을 닫고 있다면, 부모와 아이 사이의 '대화 패턴'을 가장 먼저 점검해 보세요. 부모가 무심코 던진 한마디가 아이에게는 깊은 상처가 되어, 생각의 문을 닫게 만들 수 있습니다.

아이의 생각을 키워주는
부모의 세 가지 말투

자기 생각을 자유롭고 풍성하게 표현하는 아이의 부모에게는 분명한 공통점이 있습니다. 생각을 키워 주는 부모의 말투는 세 가지 지점에서 결정적인 차이를 보였습니다.

① 긍정과 용기를 북돋는 '지지의 언어'

부모의 기준에선 아이의 생각이 부족하거나 엉뚱해 보일 수 있습니다. 하지만 생각을 키우는 부모는 내용의 완벽함을 평가하기보다, 자기 생각을 꺼내 놓은 아이의 용기와 태도에 너 큰 점수를 줍니다. 호기심과 기대에 찬 표정으로 아이를 맞이하며 무한한 긍정의 에너지를 보내 주는 것이지요.

"우와, 그렇게 생각했구나! 정말 창의적이고 멋진 생각이야."

이런 피드백을 받은 아이는 자신의 존재와 생각이 존중받는다는 확신을 얻습니다. 신이 나서 더 깊고 넓게 생각을 이어 가지요. 반대로 아이가 질문을 할 때도 "오, 정말 좋은 질문이네! 너는 왜 그렇게 생각하게 됐어?"라며 아이가 스스로 생각을 확장할 수 있는 기회를 열어 줍니다.

② 정답보다 과정을 중시하며 기다려주는 '인내의 언어'

생각을 키우는 대화는 결과가 아닌 과정을 묻는 데서 시작됩니다. "오늘 학교에서 있었던 일 중 어떤 일이 가장 기억에 남니?" 같은 질문을 받으면 아이는 자신의 하루를 천천히 복기하며, 당시의 감정과 상황을 논리적으로 재구성하기 시작합니다. 이때 부모에게 가장 필요한 것은 '기다림'입니다.

아이의 성격과 기질에 맞춰, 스스로 생각을 정리해 입 밖으로 내뱉을 때까지 충분한 시간을 주세요. 빨리 말하라고 다그치는 순간 아이의 생각 회로는 멈춰 버립니다. 만약 아이가 전체적인 상황을 떠올리기 힘들어한다면, 질문을 더 구체적이고 작게 쪼개 주는 지혜가 필요합니다. "오늘 급식 메뉴 중에 가장 맛있었던 건 뭐야?"와 같은 사소한 질문에 아이가 대답하면, 거기서부터 조금씩 더 깊은 질문으로 나아가면 됩니다. 이런 과정이 아이의 메타인지를 자극합니다. "오늘 숙제는 어떤 것들이 있니? 뭐부터 시작해 볼까?", "이 문제를 해결할 또 다른 방법은 없을까?”와 같은 질문은 아이가 스스로 학습의 주인이 되도록 돕습니다.

③ 공감을 바탕으로 사고의 지평을 넓히는 '권유의 언어'

아이의 생각에 충분히 공감해 준 뒤, 부족한 부분은 부드러운 권유로 채워 주세요. “나는 미처 생각 못 한 부분인데 대단하다! 그런데 이 부분은 왜 그렇게 생각하게 된 거야? 다른 방법으로 접근해 보면 어떨까?”라고 질문을 던지는 식입니다. 부모가 아이의 대답에 힘을 실어 주면서도 대안을 생각해 볼 수 있도록 유도하면, 아이는 자연스럽게 자기주도성을 키워 갑니다.

설령 아이가 실수를 하더라도 비난 대신 진심 어린 표정으로 물어봐 주세요. “어떻게 하면 다음에 더 잘할 수 있을까? 네 생각이 궁금해.” 부모가 마련해 준 이 안전한 대화의 공간 안에서 아이는 '내가 무슨 말을 해도 괜찮다'라는 안도감을 느끼며, 더 깊고 긴 사고의 끈을 이어 가게 됩니다.

아이의 생각을 키우는 말투의 공통점은 바로 정답을 강요하지 않고, 아이의 과정을 존중하고, 감정에 공감하며 그 생각의 근거를 다시 질문한다는 점입니다. 결국 아이의 사고력은 거창한 교육법이 아니라, 부모와 나누는 일상의 대화 속에서 서서히 단단해집니다.

아이의 생각을 멈추게 하는 부모의 네 가지 말투

반대로 부모가 피해야 할 말투도 있습니다. 의욕을 꺾고 말문을 닫게 만드는 말투를 점검해 보는 것만으로도 아이의 생각은 다시 살아날 수 있습니다.

① 의욕을 꺾는 부정적 피드백

"너는 그것밖에 못 하니?", "틀렸어. 다시 해!"라는 말은 아이를 주눅 들게 합니다. 실패를 회피하게 만들고 생각의 시도조차 막아 버리는 말이에요.

② 조급한 조언과 채근

"빨리빨리"를 외치지 마세요. 부모의 판단을 앞세워 중간에 말을 자르는 행위는 아이가 스스로 고민할 틈을 빼앗습니다. 고민할 틈이 없는 아이는 사고하는 인간이 아닌, 명령에 따르는 기계가 되어 버립니다.

③ 단답형 질문과 해결사 노릇

"재미있었어?", "선생님 말씀 잘 들었어?"처럼 '네'와 '아니오'로 끝나는 질문은 사고를 확장하지 못하게 가둡니다. 또한 아이의 문제를 부모가 앞장서서 해결해 주며 "이건 이렇게 하는 거야, 엄마가 해 줄게"라는 태도 역시 아이의 생각 회로를 끊어 놓기 쉽습니다.

④ 일방적인 강요와 공감 부재

"이렇게 해!"라는 식의 강요는 대화를 단절시킵니다. 아이가 힘들다고 할 때 "그건 별거 아니야"라고 치부하기보다, "너에게 는 정말 힘든 일이었겠구나. 어느 부분이 가장 마음이 아팠니?" 라고 먼저 공감해 주어야 아이는 다시 생각할 힘을 얻습니다.

아이의 생각 회로를 결정짓는 요인은 매일 식탁에서, 거실 에서 오가는 부모의 사소한 말투입니다. "네가 게을러서 그렇 잖아"라는 낙인 대신, "무엇이 너를 힘들게 하니? 함께 방법을 찾아보자"라는 손길을 내밀어 주세요. 부모가 아이에게 건네 는 따뜻한 지지의 말투는 아이의 사고 세계를 여는 가장 강력 한 열쇠입니다.

[생각을 막는 부모의 말투 vs 생각을 키우는 부모의 말투]

상황	생각을 막는 말투	생각을 키우는 말투
시험 성적이 낮을 때	"이 점수로 어떡할 거야?"	"어떤 문제가 가장 어려웠어? 다음엔 뭐부터 바꿔 볼까?"
문제가 막혔을 때	"그건 이렇게 해야지. 이리 줘 봐."	"지금 어느 부분이 막히는 것 같아? 원인을 같이 찾아보자."
친구와 다퉜을 때	"네가 참았어야지. 왜 그랬어?"	"정말 속상했겠다. 다음엔 어떤 말을 하면 좋을까?"
아이와 의견이 다를 때	"말도 안 되는 소리 하지 마."	"재미있는 생각이네! 어떻게 그런 생각을 하게 됐어?"

4

성적보다 과정에 집중하는 부모가
아이를 단단하게 만든다

서울에서 영어 학원을 운영하는 지인과 대화를 나눈 적이 있습니다. 지인은 학원에 모인 많은 아이들 중에 유독 집중력이 높고 성적도 꾸준히 오르는 아이가 있는가 하면, 수업 시간 내내 딴생각만 하다 돌아가는 아이도 있다고 했습니다. 그럴 때마다 마음이 편치 않다고 하더군요. 학부모가 지불하는 비싼 수강료도 문제지만, 무엇보다 아이의 소중한 시간이 제대로 쓰이지 못하는 것 같아서였습니다.

그 말을 듣고 문득 궁금해졌습니다. 같은 교실에서, 같은 선생님에게, 같은 수업을 듣는데 왜 어떤 아이는 몰입하고 어떤 아이는 그렇지 못하는 걸까요. 저는 지인에게 이렇게 물었습니다.

"어떤 아이들이 수업에 몰입하고 성과를 내나요? 그리고 그 과정에서 부모는 어떤 역할을 해야 할까요?"

지인의 답변은 의외로 단순하면서도 명쾌했습니다.

"결국 정서적으로 안정된 아이가 수업을 잘 따라오고 성과를 내더라고요. 공부는 자기가 좋아하는 것에 깊이 몰입하고, 때로는 고통스러운 인내의 시간을 견뎌야 하는 과정이에요. 이 과정을 완주하려면 반드시 스스로 몰입한 경험, 그리고 그 끝에서 맛본 성공의 기억이 있어야 해요. 그래야 다음에도 그 성취감을 맛보기 위해 힘든 과정을 견뎌낼 힘을 얻거든요. 그렇지 못한 아이들은 공부를 '견뎌야 할 고통'이 아닌 '도망쳐야 할 대상'으로만 인식하게 됩니다."

부모는 아이가 무엇에든 깊이 빠질 수 있도록 관심을 기울이고, 그 몰입이 깨지지 않는 환경을 만들어 주어야 합니다. 만약 아이에게 "공부해라", "책 읽어라"라고 말하면서 정작 자신은 거실에서 시끄럽게 TV를 보거나 스마트폰만 들여다보고 있다면, 아이가 공부의 과정을 견디기란 쉽지 않습니다.

이 대목에서 맞벌이로 바쁜 부모님들은 걱정부터 앞설지도 모릅니다. 아이와 함께 보낼 물리적 시간이 부족해 늘 미안한 마음이 크실 테니까요. 저 역시 그랬습니다. 두 딸이 어릴 때 초등학교 교사 생활을 이어가며 대학원 박사 과정을 밟느라 바쁘게 살았습니다. 훗날 작은딸은 그때를 회상하며 "엄마, 난 그때 혼자 라면 끓여 먹은 게 가장 기억에 남아요. 그리고 식습관을 스스로 조절 못해서 힘들었어요"라고 고백하더군요.

하지만 물리적인 시간보다 중요한 것은 '가정에서 한 사람이라도 아이의 이야기를 제대로 들어 주는가'입니다. 다행히 그 시기 제 남편이 아이의 말을 경청하고 응원해 주는 역할을 훌륭히 해냈습니다. 아이들은 아빠와 함께 '버킷리스트'를 작성하고, 꿈을 위해 노력할 부분들에 대해 이야기 나누곤 했지요. 놀랍게도 그 시절 아이가 적어둔 버킷리스트는 성인이 된 지금 거의 다 실현되었습니다. 부모 중 한 명이라도 아이의 '과정'을 믿고 지지해 준다면, 아이는 스스로 일어설 힘을 얻습니다.

건강한 주도성을 만드는 생활 루틴의 힘

요즘 부모님들 중에는 아이의 눈치를 보느라 바람직하지 않은 행동을 제지하지 못하는 경우가 많습니다. 새벽까지 게임을 한다고 아침에 일어나지 못해도, 학교 수업 시간에 멍하니 있다는 선생님의 연락을 받아도 '말했다가 아이와 싸울까 봐 무섭다'라며 속수무책인 경우가 있지요.

이런 불상사를 막으려면 아이가 어릴 때부터 부모와 아이 사이에 단단한 신뢰 관계를 형성하고, 올바른 생활 습관을 위한 루틴을 만들어야 합니다. 부모는 아이에게 가장 좋은 환경이 되어 주어야 할 의무가 있습니다. 올바른 수면 습관, 식습관, 공부 습관에 대한 명확한 기준을 세워 주고, 부모 스스로 모범을 보임으로써 말에 권위를 실어야 합니다. 성적은 그다음 문제입니다. 아이가 어릴수록 무엇을 좋아하고 무엇에 설레는지 스스로 발견할 수 있도록 '마음의 여유'를 주세요. 그런 의미에서 일기와 글쓰기는 좋은 도구인데, 자신의 마음을 들여다보는 창구가 되기 때문입니다. 이런 경험은 성인이 되어서도 자기 성찰과 메타인지를 키우는 자산이 됩니다.

관찰과 탐구의 시간이 만든
자기주도적 성장

제 친구의 딸 가이는 현재 K대학 보건대학원에서 세계적인 석학들과 프로젝트를 수행하는 재원입니다. 하지만 가이의 어린 시절은 조금 달랐습니다. 초등학교 6학년 때까지 알파벳조차 제대로 쓰지 못했거든요. 엄마는 억지로 공부를 시키는 대신, 충분히 놀고 관찰할 수 있는 시간을 넉넉히 주었습니다. 가이는 자연 속에서 할아버지, 할머니, 반려견과 행복한 시간을 보내며 자랐습니다. 남는 시간에는 종이접기를 하거나 혼자 그림을 그리며 시간을 보냈지요. 한번은 마당에서 고양이가 쥐를 사냥하는 모습을 가만히 앉아 한참을 관찰하더니 이렇게 말하더랍니다.

"엄마, 고양이가 쥐 머리부터 오독오독 씹어 먹더니, 팔다리를 먹고 꼬리는 국수처럼 호로록 말아서 먹었어!"

다소 적나라한 표현이지만, 이는 대상의 특징을 세밀하게 파악해 자기 언어로 재해석한 표현이었습니다. 이렇게 관찰력을 키워 나가던 가이는 어느 날 "공부를 너무 못해 창피해요. 학원에 보내 주세요"라고 말했습니다. 스스로 동기를 찾은 가이는 그때부터 공부의 재미에 빠졌고, 어릴 때 다져진 몰입의 힘은 대학원생이 된 지금까지도 탁월한 문제해결력으로 발현되고 있습니다.

아이가 단단하게 자기 삶을 살아간다는 것은 어떤 의미일까요? 내 삶의 방향을 찾고, 그 과정에서 만나는 지루함과 역경의 시간을 묵묵히 견뎌 내는 힘을 가졌다는 뜻입니다. 어른이 된다는 것은 그 힘든 과정을 회피하지 않고 조절하며 성숙해 가는 과정입니다.

이를 위해 부모는 아이가 결과보다 '과정에 몰입하는 힘'을 기르도록 도와야 합니다. 일의 우선순위를 정하고, 제한된 시간 안에 논리적으로 에너지를 배분하며, 때로는 할 수 없는 것을 과감히 포기할 줄 아는 능력도 필요합니다.

여러분의 아이는 지금 과정을 즐기고 있나요, 아니면 의미 없는 학원 뺑뺑이 속에서 지쳐 가고 있나요? 아이의 결과물만 보고 다그치는 순간, 아이는 성장의 의지를 잃어버립니다. 부모 또한 아이와 함께 성장하는 그 소중한 과정을 즐겨 주세요. 아이를 단단하게 만드는 것은 100점짜리 시험지가 아니라, 어제보다 조금 더 깊어진 생각과 그 과정을 지켜보는 부모의 따뜻한 시선입니다.

부모의 반응이
아이의 생각을 결정한다

초등학교 2학년 Y는 학교에서 자주 우는 아이였습니다. 선생님이 혼을 낸 것도 아니고 단지 질문을 했을 뿐인데, Y는 울음을 터뜨리곤 했습니다. 그럴 때마다 담임교사는 당황할 수밖에 없었습니다. 결국 엄마에게 상담을 요청했습니다.

사실 Y의 엄마는 아이가 학교에서 자주 운다는 사실을 전혀 예상하지 못했다고 합니다. 이유를 곱씹어 보던 중, 최근 잦았던 부부싸움이 떠올랐습니다. 직장 일로 바쁜 남편은 집안일과 육아를 거의 돕지 못했고, 혼자 모든 것을 감당하던 엄마는 번아웃 직전이었습니다. 힘들다고 말하면 남편은 "너만 힘드냐?

나도 힘들다"라고 받아쳤고, 공감 없는 대화는 곧 험한 말다툼으로 이어졌습니다. 남편 역시 회사 사정이 어려워 고군분투하고 있음을 알고 있었지만, 순간의 감정을 조절하기란 쉽지 않았습니다. 맞벌이를 하며 초등학생 딸과 유치원생 아들을 돌보는 일은 결코 만만하지 않았기 때문입니다.

그녀는 선생님의 질문에 대답하지 못하고 울먹이는 아이의 모습이 자꾸 떠올랐다고 합니다. '이대로는 안 되겠다'는 생각이 들었습니다. 아이가 지속적인 스트레스를 받으면 정서적으로 위축되고, 뇌 발달에도 영향을 줄 수 있다는 이야기가 생각났습니다. 그렇게 저와의 상담이 시작되었습니다. 저는 우선 부부 간의 마찰을 줄이고, 엄마 스스로 감정을 관리할 수 있는 방법부터 안내했습니다.

부부 갈등과 아이의 뇌

도모다 아케미友田明美 교수의 저서『아동학대와 상처받은 뇌』(군자출판사)에 소개된 연구에 따르면, 부모의 양육 태도는 아이의 뇌 변형에 직접적인 영향을 미친다고 합니다. 부부싸움을 자주 목격한 아이들은 시각 피질Visual Cortex의 용적이 위축된다고 하지요. 이는 끔찍한 장면을 보지 않으려고 뇌가 스스로 발달을 줄여 버린 '슬픈 적응'의 결과입니다. 폭언이나 험악한 분위기는 이성적 판단을 담당하는 전두엽의 발달을 저해합니다. Y가 대답 대신 눈물을 보인 것은 몰라서가 아니라, 뇌가 공포 상태에 빠져 일시적으로 기능이 정지되었기 때문일 가능성이 매우 높습니다.

부모의 심한 싸움은 아이에게 '전쟁터에 혼자 남겨진 공포'와 같습니다. 집안의 냉랭한 공기까지 아이는 귀신같이 감지합니다. 따라서 집을 다시 '안전지대'로 만들어 주려는 노력이 무엇보다 중요하지요. Y의 부모님은 아이에게 진심 어린 사과를 전하며 안심시켜 주었습니다. "엄마 아빠가 싸워서 미안해. 이건 절대 네 잘못이 아니야"라고 솔직하게 말하며 꼭 안아주셨지요. 부모의 싸움을 자기 탓으로 돌리던 아이의 무의식을 어루만져 준 이 한마디가 회복의 첫걸음이 되었습니다.

다행히 Y는 빠르게 회복하는 모습을 보였습니다. 부모가 아이의 상태를 일찍 인지하고 환경을 바꾼 것이 큰 도움이 되었습니다. 아이의 뇌는 사랑과 안정 속에서 가장 건강하게 기능합니다. 극도의 불안 상태에서는 생각하는 힘 자체가 약해질 수밖에 없습니다.

이성적인 사고를 깨우는
3단계 대화법

　부모의 반응은 아이 뇌의 '편도체'와 '전두엽' 사이의 스위치를 조절합니다. 편도체는 위협을 감지하는 경보 장치이고, 전두엽은 이성적 판단과 통제를 담당합니다.

　또한 인간의 뇌에는 타인의 감정과 행동을 모방하는 '거울뉴런'이 존재합니다. 부모가 화를 내면 아이는 그 분노를 즉각 감지하고 위협으로 인식합니다. 그러면 편도체가 과활성화되어 전두엽 기능이 차단됩니다.

　마트에서 아이가 장난감을 사달라며 바닥에 드러누워 떼를 쓸 때, 부모가 큰 소리로 "당장 일어나! 집에 가서 혼날 줄 알아!"라고 외친다면 아이의 뇌는 이를 생존 위협으로 해석합니다. 그 순간 아이의 뇌는 '도망치거나 싸워야 한다'는 모드로 전환돼요. 그래서 더 크게 울거나, 물건을 던지거나, 부모를 때리기도 하는데, 이때 저장되는 것은 훈육의 메시지가 아니라 '공포의 기억'입니다.

　반대로 부모가 낮고 차분한 목소리로 눈을 맞추며 말한다면 어떨까요? "그 장난감이 정말 갖고 싶었구나. 속상했겠다. 하지만 오늘은 살 수 없어"라고 말하며 안아 주세요. 이렇게 공감과 단호함이 함께 전달되면, 아이의 편도체는 진정되고 전두엽이 다시 작동하기 시작합니다. 감정이 가라앉은 뒤에는 아이도 논리적 설명을 받아들일 준비가 됩니다. 이 과정을 반복하며 아이는 감정 조절 능력을 배워갑니다.

아이의 뇌를 이성적으로 기능하게 하려면 다음 3단계를 기억하세요.

어른인 우리가 먼저 성숙한 반응을 보여줄 때, 아이는 그 모습을 배웁니다. 저 역시 아이를 키우며 감정을 제대로 조절하지 못해 후회되는 순간이 많습니다. 부부싸움 장면을 보여주었던 일도, 화를 참지 못했던 기억도 여전히 마음에 남아 있습니다.

하지만 어느 시점부터 '잠시 멈춤'을 연습하기 시작했습니다. 화가 올라올 때 그 감정을 정확히 인지하고, 즉각 반응하지 않는 훈련을 반복했습니다. 감정의 소용돌이 한가운데 있지 않은 것처럼 행동하기 위한 연습을 꾸준히 했습니다. 그 작은 반복이 쌓이며 저는 조금 더 성숙한 어른이 되어 갔습니다. 아이들에게 상처를 주는 엄마가 아니라, 안정감을 주는 엄마가 되기 위함이었습니다.

아이의 행동은 부모의 반응을 통해 모양을 갖춥니다. 이번 기회에 아이를 바꾸려 하기보다, 내 반응을 먼저 돌아보는 시간을 가져 보면 어떨까요. 부모의 차분한 한 번의 반응이 아이의 생각을 지켜 내는 가장 강력한 보호막이 될 수 있습니다.

부모의 태도가
아이의 가능성을 연다

아이의 생각을 키우는
'부모'라는 환경

부모라는 존재는 아이들의 삶에서 가장 중요한 우주이자 세계입니다. 부모가 만들어 준 물리적 환경과 정서적 환경에 따라 아이의 발달과 성장은 크게 달라집니다. 아무리 시대가 빠르게 변해도 변하지 않는 사실이 있는 법이지요. 그중 분명한 하나는 아이는 부모라는 환경 속에서 자란다는 것입니다.

저는 부모가 먼저 자기 삶의 목표와 방향을 세우고 살아가는 것이 중요하다고 생각합니다. 가야 할 방향을 정하지 않은 채 걷는 사람은 결국 어디로 향할지 알 수 없으니까요. 때로는 상황이 여의치 않아 하루하루를 견디며 살아 가는 이도 있을 겁니다. 그럴수록 현재에 충실하되, 내일을 위해 반 발짝 앞서 생각하고, 필요한 것을 하나씩 쌓아 가는 태도가 필요합니다.

아이를 안정적으로 키워 낸 부모들에게는 공통점이 있습니다. 자신의 삶에 대한 철학과 자녀를 키우는 철학이 분명하다는 점이었지요. 삶의 방향이 선명할수록 선택의 기준도 분명해집니다. 제가 많은 부모와 아이를 만나며 느낀 것은, 아이들은 부모가 만들어 준 환경의 영향을 깊이 받는다는 사실이었습니다. 부모의 직업과 생활 방식, 사고방식과 가치관 같은 요소들은 아이의 일상에 자연스럽게 스며듭니다.

소설가 장강명의 『먼저 온 미래』(동아시아)에는 바둑 기사들의 인터뷰가 등장 하는데요. 그들은 자신이 바둑기사가 될 수 있었던 데는 부모나 조부모가 바둑을 두는 환경에 있었던 덕분이라고 이야기합니다. 다시 말해 바둑을 접할 수 없는 환경에서는 바둑기사가 나오기 어려웠을 것이라는 말이지요. 우리나라 바둑의 최정상에 선 신진서 9단 역시 어린 시절 부모님이

기원을 운영했고, 덕분에 자연스럽게 바둑을 접했습니다. 그리고 그 환경 속에서 재능을 발견하고 키워 세계 정상의 자리에 올랐지요.

아이의 재능은 갑자기 생겨나지 않습니다. 부모가 만들어 준 일상 속에서 천천히 자랍니다. 부모의 관심사와 대화의 방향, 문제를 바라보는 태도는 아이에게 하나의 기준이 됩니다.

안정된 일상이 생각의 힘을 만든다

물리적 환경만큼 중요한 것이 기본적인 생활 여건과 정서적 분위기입니다. 아이가 생각을 깊이 하고 공부에 집중하려면 먼저 일상이 안정되어야 합니다. 충분한 수면, 규칙적인 식사, 편안한 마음이 그 출발점이지요

학교에서 아이들이 유난히 우울해 하거나 힘들어 하는 모습을 볼 때가 있습니다. 그럴 때 저는 묻곤 합니다. "집에 무슨 일 있었니? 아침은 먹었어? 잠은 잘 잤어?" 아이들은 생각보다 솔직하게 답합니다. "어제 부모님이 싸우셨어요", "게임하느라 늦게 잤어요" 이런 이야기를 들을 때마다 떠오르는 생각이 있습니다. 가장 기본적인 생활만 안정된다면 아이들은 훨씬 건강하게 자랄 수 있겠다는 사실입니다.

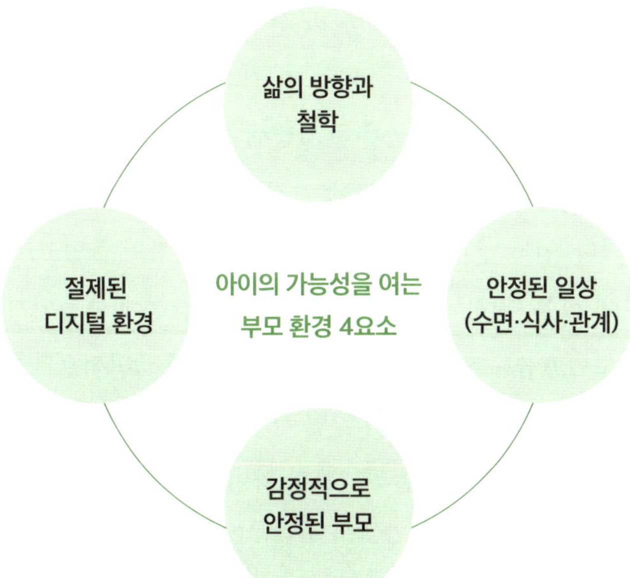

이 네 가지가 갖추어질 때, 아이의 생각은 깊어집니다.

아이에게 중요한 것은 성적이나 상장이 아닙니다. 잠을 잘 자고, 밥을 잘 먹고, 마음이 편안하며, 가정이 안정되고, 친구들과의 관계가 원만한 것. 이런 기본이 갖추어질 때 비로소 배움도 자랍니다. 그런데 우리는 종종 '학원은 다녀왔니? 숙제는 했니? 영어 단어는 외웠니? 수학 문제는 다 풀었니?' 같은 질문부터 던지지요. 무엇이 먼저인지 돌아볼 필요가 있습니다.

부모의 감정 상태 또한 아이에게 중요한 환경입니다. 부모가 감정에 따라 크게 흔들리면 아이는 혼란을 느낍니다. 훈육은 필요하지만, 감정에 휘둘린 반응이 아니라 차분하고 객관적인 상태에서 아이의 상황에 맞는 피드백과 격려를 전해야 합니다. 그 안정감이 아이의 마음을 지탱해 줍니다.

저 역시 한때 깊은 우울감에 빠져 아이들을 힘들게 한 적이 있습니다. 어느 날 '이대로는 안 되겠다'는 생각이 들었고, 이후 '하루에 싫은 일 하나씩 하기'를 실천하며 감정에 매몰되지 않으려 노력했습니다. 감정과 거리를 두고 나를 객관적으로 바라보려 하자, 이전에는 보이지 않던 가능성이 보이기 시작했습니다. 이후로는 감정에 이끌리기보다 아이에게 도움이 되는 행동이 무엇인지 한 번 더 생각하며 선택하려 애쓰고 있습니다.

요즘 시대에 빼놓을 수 없는 것이 디지털 기기입니다. 이 또한 부모가 어떻게 관리하느냐에 따라 아이의 일상은 크게 달라집니다. 무엇을 더해 줄지 고민하기 전에, 무엇을 줄일지를 먼저 살펴볼 필요가 있습니다. 어릴 때부터 가족이 함께 기준을 세우고 지키는 연습이 필요합니다. 일정 시간이 되면 스마트폰을 거실에 두고 함께 책을 읽거나 잠자리에 드는 약속처럼, 부모가 먼저 실천하는 모습이 중요합니다.

아무리 시대가 변해도 아이는 부모라는 환경 속에서 자랍니다. 지금 우리 가정은 아이가 생각을 키울 수 있는 환경이 되고 있는지, 조용히 돌아볼 때입니다.

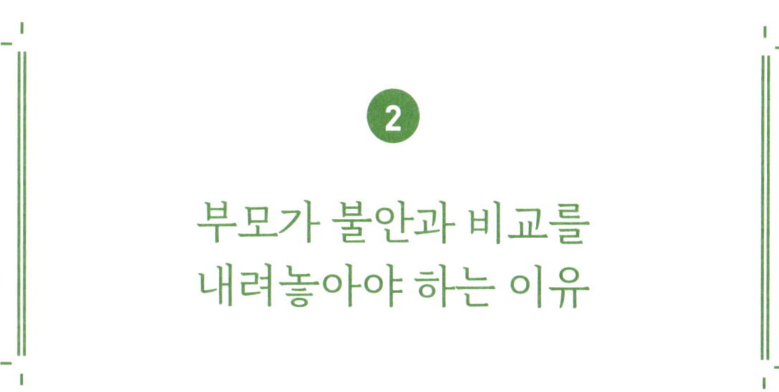

부모가 불안과 비교를
내려놓아야 하는 이유

세상은 빠르게 변하고 있습니다. AI 시대라는 말이 일상이 되었고, 미래에 대한 예측은 점점 더 불확실해지고 있습니다. 이런 변화 속에서 부모의 마음은 쉽게 불안해집니다. 여기에 비교까지 더해지면 마음은 더욱 조급해지지요. 그런데 아이는 부모의 말보다 부모의 눈빛과 분위기를 먼저 읽습니다. 부모의 불안과 비교는 결국 아이의 세계를 흔들어 놓습니다.

부모가 불안해 하면 아이도 불안해집니다. 부모가 조급해 하면 아이도 조급해집니다. 아이가 세상을 바라보는 창은 부모의 눈빛에서 시작되기 때문이지요. 부모의 표정이 긴장으로 가득 차 있으면 아이에게 세상은 두려운 공간이 됩니다.

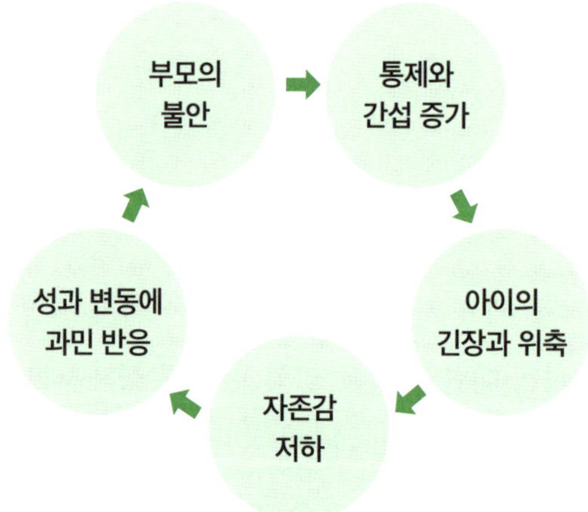

이 고리를 끊는 출발점은 아이가 아닌 '부모의 감정 관리'입니다.

불안이 커질수록 우리는 아이를 관찰하고 돕기보다 통제하려는 방향으로 움직입니다. 통제는 단기적으로는 성과를 내는 것처럼 보일 수 있어요. 그러나 장기적으로 스스로 계획하고,

버티고, 회복하는 힘을 약하게 만듭니다. 부모의 불안 수준이 높을수록 아이의 자존감이 낮아지는 이유가 여기에 있습니다.

불안한 가정에서 아이는 대체로 두 가지 모습 중 하나를 보입니다. 부모의 기분을 살피며 안전하게 행동하는 '눈치형'이거나, 어차피 만족은 불가능하다며 거리를 두는 '반항형'이 됩니다. 이는 아이의 성향 문제가 아니라 환경에 대한 반응입니다. 가정이 안전기지가 아니라 평가의 장이 될 때 아이는 저마다의 생존 전략을 선택 할 수밖에 없기 때문입니다.

비교의 말은 아이의 기준을 흔든다

비교는 아이에게 보이지 않는 상처를 남깁니다.

"누구는 벌써 영어를 끝냈다더라."
"누구는 수학 선행을 2년이나 했다넌데."

이런 말이 반복되면 아이는 자신을 타인의 기준으로 평가하기 시작합니다. 성취의 기쁨은 줄고, 부족함에 대한 불안이 쌓입니다. 시험 결과가 좋아도 '더 잘하는 아이도 있다'는 말을 들으면 기쁨 대신 긴장을 배우게 됩니다. 반대로 결과가 좋지 않으면 '역시 나는 안 된다'는 결론에 쉽게 도달합니다.

비교 속에서 자란 아이는 자신을 탐색하기보다 타인의 눈치를 보며 살아가는 법을 배웁니다. 그러다 보면 도전의 지속성과 회복력이 약해지고, 결국 번아웃이나 상실감으로 이어지기도 합니다.

[비교의 말 vs 관찰의 말]

비교의 말	부모의 말	아이가 받는 메시지
	"누구는 벌써…"	나는 부족하다.
	"왜 이것밖에…"	나는 기대에 못 미친다.
	"남들은 다 하는데 왜 너는…"	나는 뒤처졌다.

관찰의 말	부모의 말	아이가 받는 메시지
	"지난번보다 더 오래 집중했구나."	나는 성장하고 있다.
	"어려웠는데도 끝까지 했구나."	나는 해낼 수 있다.
	"네 방식대로 해보고 있구나."	나는 존중받는다.

평온한 태도가 회복력을 키운다

저는 최근 K대학에 합격한 A를 고등학교 3년 내내 가까이에서 지켜보았습니다. 그 시기 그는 치열한 경쟁 속에서도 비교적 안정된 태도를 보였습니다. 시험 기간에도 잘 흔들리지 않았고, 학교생활 자체를 즐기고 있었습니다. 제가 어머니께 물었습니다.

"A는 어떻게 그렇게 입시를 편안하게 준비할 수 있었나요?"

어머니는 이렇게 답했습니다.

"저희도 노력해요. 다만 아이를 몰아붙이는 쪽은 아니에요. 성적이 기대에 못 미쳐도 괜찮다고 말해요. 한 번의 시험이 인생을 결정하지는 않는다고요. 길은 하나가 아니라는 걸 계속 이야기해 줍니다."

A도 처음부터 완벽한 아이는 아니었습니다. 휴대폰과 게임에 빠졌던 시기도 있었습니다. 그러나 부모는 야단보다 대화를 신뢰했습니다. 왜 그런지 듣고, 스스로 지킬 수 있는 규칙을 함께 정했습니다. 그리고 무엇보다 아이 앞에서 불안해하지 않으려 애썼고, 다른 아이와 비교하지 않으려 노력했습니다.

그 가정의 일상은 특별하지 않았습니다. 함께 텃밭을 가꾸고, 같은 공간에서 각자의 할 일을 하며 서로를 응원했습니다. 성과를 점검하는 시간이 아니라, 존재를 지지하는 시간이었습니다. 그 반복된 평온함이 아이의 마음을 단단하게 만들었습니다. 합격보다 더 인상 깊었던 것은, 입시의 모든 과정에서 아이가 무너지지 않았다는 사실이었습니다.

부모가 지금 실천할 수 있는 것들

아이들은 부모의 감정을 스펀지처럼 흡수합니다. 저녁 식탁의 분위기를 떠올려 보세요. 그 공간이 안도의 공간인지, 아니면 평가와 긴장이 감도는 자리인지요. 만약 집 안의 공기가 무겁게 느껴진다면 작은 실천부터 시작해 보시길 바랍니다.

첫째, 아이에게 전하고 싶은 긍정의 말을 글로 적어 보세요. '너는 충분히 소중하다', '결과와 상관없이 우리는 네 편이다'와 같은 문장을 의식적으로 건네 보길 권합니다.

둘째, 비교 대신 관찰하세요. 다른 아이와 견주는 대신, 내 아이의 강점과 변화를 기록하길 바랍니다. 그리고 "지난번보다 더 오래 집중했구나", "어려웠는데도 끝까지 해냈네"와 같이 구체적인 언어로 전달하세요.

부모의 불안과 비교가 줄어들면 아이의 얼굴빛이 달라집니다. 표정이 부드러워지고, 시선이 또렷해집니다. 스스로 해 보려는 움직임이 늘어납니다. 억지로 끌어올린 자신감이 아니라,

안에서 차오르는 진짜 자신감이 생깁니다.

교육은 단거리 경주가 아닙니다. 초등 시기에 앞서가던 아이가 중등 시기에 흔들리기도 하고, 천천히 가던 아이가 고등 시기 크게 성장하기도 합니다. 아이를 성장시키는 힘은 결국 실패했을 때 다시 시도하는 힘, 모르는 것을 부끄러워하지 않는 태도, 질문할 수 있는 용기, 스스로 계획하고 지키는 습관, 그리고 '나는 해낼 수 있다'는 기본 감각입니다.

이 힘은 비교 속에서 자라지 않습니다. 불안 속에서도 자라지 않습니다. 아이가 안전하다고 느끼는 자리에서만 자랍니다. 아이를 가장 잘 자라게 하는 강력한 무기는 어쩌면 대단한 정보가 아니라, 부모의 평온함일지도 모릅니다.

☑ 우리 집은 안전기지일까?

☐ 아이는 실패를 이야기해도 안전한가

☐ 식탁은 평가의 자리인가, 대화의 자리인가

☐ 결과보다 과정을 더 자주 묻고 있는가

☐ 다른 아이의 이름이 하루에 몇 번 등장하는가

앞의 체크리스트를 보며 우리 집이 완벽하지 않다고 걱정할 필요는 없습니다. 중요한 것은 거창한 환경이 아니라, 아이가 마음 놓고 생각을 꺼낼 수 있는 작은 공간을 만드는 일이니까요. 집이 아이에게 '틀려도 괜찮은 곳'이 될 때 아이는 비로소 생각을 시작합니다. 부모가 건네는 한 번의 질문과 한 번의 기다림이 아이의 사고를 키우는 가장 든든한 안전기지가 됩니다.

3

지혜로운 거리두기의 기술

아이를 잘 키운 부모들에게는 공통된 태도가 있습니다. 가까이에서 돕되, 대신 살아주지 않는 태도입니다. 방향은 제시하되, 선택은 아이에게 남겨 두는 태도입니다.

지금은 부모의 역할이 더 중요한 시대입니다. 정보는 넘쳐나고, 선택지는 많아졌으며, 유혹도 강해졌습니다. 그렇다고 해서 부모가 앞에서 끌고 가야 한다는 말은 아닙니다. 오히려 한 걸음 물러서서 조용히 리드하는 부모가 아이를 더 멀리 보냅니다. 핵심은 '거리'입니다. 가깝지만 숨 막히지 않고, 떨어져 있지만 방치하지 않는 거리. 그 균형이 아이를 성장시킵니다.

아이의 성장을 돕는 현명한 부모의 네 가지 공통점

첫째, 아이를 존중하고 함께하는 시간에 정성을 다합니다. 최근 제가 만난 현명한 부모들은 자녀를 위해 많은 시간을 할애하며 노력을 아끼지 않습니다. 저는 육아를 하는 동안 직장과 개인적인 성장에 몰입하느라 정작 아이들과 시간을 많이 보내지 못한 점이 늘 아쉽고 후회됩니다. 만약 다시 아이를 키운다면, 아이들과 좀 더 깊이 소통하는 시간을 보내고 싶어요. 부모라면 누구나 자녀가 공부도 잘하고 인성도 바르게 자라기를 바라지만 그 진심이 아이에게 닿으려면, 좋은 학원에 보내는 물질적 지원보다 아이를 위해 얼마나 '밀도 있는 시간'을 할애하는지가 더 중요합니다.

둘째, 아이에게 정서적인 안정감을 선물합니다. 함께 시간을 많이 보내더라도 그 시간이 부정적인 정서로 채워져서는 안 되겠지요. 부모가 자주 다투거나 스스로 감정을 관리하지 못해 짜증을 내면, 아이는 깊은 상처를 입고 정서적으로 위축됩니다. 아이와 긍정적으로 소통하며 온화하고 평화로운 부모의 모습을 보여 주려 노력해야 합니다. 또한 부모도 스스로를 성찰하고 잘못된 부분은 고치려는 태도를 갖추는 것이 중요합니다. 부모가 솔직하게 인정하고 사과하는 모습을 보일 때, 아이는 이를 배워 학교나 또래 집단에서도 유연하고 성숙하게 행동하게 됩니다.

셋째, 스스로 할 수 있는 다양한 경험의 기회를 줍니다. 요즘은 자녀가 귀하다 보니 아이가 힘들어 하기도 전에 부모가 먼저 어려운 일을 해치워 주곤 합니다. 그러나 아이를 잘 키운 부모들은 아이가 주도성을 가지고 경험하도록 곁에서 응원하고 지지하는 역할에 집중합니다. 부모가 계획을 다 짜주는 것이 아니라 아이의 의견을 묻고 반영해 주는 것이지요. 실수와 실패의 경험을 부모가 대신 처리해 버리면 아이는 배움의 기회를 잃게 됩니다. 창의성 또한 수많은 시도와 실패 끝에 생겨나는 법이니까요.

특히 AI 시대에는 세상이 돌아가는 감각을 익히는 '생활 경험'이 중요합니다. 집에서 요리하기, 빨래 개기, 화분이나 반려동물 키우기 등 생활 전반의 일을 아이와 의논하며 함께해 보세요. 주말이면 다음 주 식단을 함께 짜고 마트에 가서 장을 보는 것도 좋습니다. 물가에 관해 이야기하고, 좋은 식재료를 고르는 법, 무게를 달고 가격을 확인하는 법을 가르쳐 주세요. 우리 집에 필요한 쓰레기봉투는 몇 리터인지, 가격은 얼마인지, 세탁소 심부름은 어떻게 하는지 등 아이가 직접 경험해야 할 일들은 무궁무진합니다. 바쁘다는 이유로 새벽 배송이나 배달 앱에만 의존하기보다는 일주일에 한 번이라도 아이가 삶을 직접 꾸려 가는 힘을 기르도록 도와주세요. 세상이 어떻게 돌아가는지 궁금해 하는 아이가 결국 새로운 아이디어를 내고 창의성을 발휘할 수 있습니다.

넷째, 부모도 함께 배우고 성장하는 본보기를 보여줍니다. 세상이 눈부시게 변화하고 있기에 부모도 배우지 않으면 안 되는 시대입니다. 저 역시 하루하루가 다르게 변화하는 요즘 같은 시기는 처음 맞이합니다. 어떤 부모는 이 변화를 감지조차 못하지만, 어떤 부모는 변화를 알아채고 배울 것을 찾아 아이의 교육에 도입합니다. 이런 부모 밑에서 자란 아이들은 눈빛부터 다릅니다. 좋은 어른으로서 배움을 멈추지 않는 모습을 보여 주면, 아이는 자신도 모르는 사이에 부모의 뒷모습을 닮아 성장합니다.

자립심을 키워 주는
현명한 거리두기와 반응의 기술

결론적으로 아이의 발달에 필요한 환경은 만들어 주되 아이가 스스로 깨우치도록 '보이지 않는 손'으로 이끄는 지혜가 필요합니다. 스스로 경험하지 않으면 깨우치지 못하는 것들이 정말 많기 때문입니다. 예를 들어 아침마다 늦잠 자는 사춘기 아이를 깨우느라 애태우지 마세요. 늦어서 지각을 하고 그 책임을 져 본 아이는 스스로 정신을 차리고 일어나게 됩니다. 저 역시 아이들이 특별히 부탁하지 않는 한 깨우지 않았고, 아이들은 스스로 일어나 학교에 갈 준비를 마쳤습니다. 자신의 삶을 스스로 건사할 수 있도록 어릴 때부터 현명한 거리두기를 실천하세요.

더불어 '자신과의 거리두기'도 필요합니다. 부모가 감정에 치우쳐 화를 내고 있지는 않은지, 나의 트라우마나 대물림된 습관으로 아이를 대하고 있지는 않은지 객관적으로 살펴보는 것이지요. 순간적인 감정이 올라올 때 일단 멈추고, 그 흐름을 끊어 내는 법을 연습하길 권합니다. 잠시 멈춰 성찰해 보면, '사실 이 일이 아이에게 화를 낼 만한 일인가' 깨닫게 됩니다.

네빌 고다드Neville Goddard 작가는 『리액트』(서른세개의계단)에서 "반응을 바꾸면 세상이 달라진다"라고 말했습니다. 부모가 자신의 반응 패턴을 돌아보고 아이에게 도움이 되는 반응을 선택할 때, 아이의 세상도 달라집니다. 부모가 자신과 거리두기를 실천하며 아이가 스스로 경험하고 깨우치도록 묵묵히 지켜봐 주는 것, 이것이 바로 AI 시대를 살아갈 아이에게 줄 수 있는 최고의 선물입니다.

4

자기 생각을 소신 있게
말하는 아이로 키우는 법

한 테이블 강연에서 만난 부부가 이런 고민을 들려주었습니다. 초등학교 1학년 아들이 놀이터에서 친구들에게 맞고 돌아온 날, 어떻게 해야 할지 몰라 아무 말도 해주지 못했다는 거예요. 마음은 너무 아프고 속상한데, 대체 뭐라고 말해야 할지 막막했다는 것이었습니다. 아들은 부모를 닮아 성격이 온순하고 다른 친구들에게 싫은 소리나 나쁜 말을 못 하는 성향이라고 했습니다. 그래서 저는 아이 아버지에게 어린 시절 이야기를 물었습니다. 아버지는 이렇게 말씀하셨습니다.

"저는 4학년 때 학급 반장이 되었는데, 부모님께서 정말 좋아하시며 칭찬을 많이 해 주셨어요. 그 이후로 친구들이나 어른들께 잘 보이려고 항상 모범생으로 살았고, 마음속에서 부정적인 생각이 올라와도 싫은 소리를 못 했어요. 아이가 저를 닮아 싫은 소리를 못 하는 것이 아닐까 싶어서 마음이 아파요. 어떻게 하면 아이가 소신 있게, 또 당당하게 자라도록 도울 수 있을까요?"

아이를 소신 있게 키운다는 것은, 아이가 자신의 생각과 가치, 감정과 이유를 마음속에서 정리할 수 있도록 돕는다는 의미입니다. 그리고 그것을 예의 있게, 구체적으로 표현할 수 있도록 격려하는 것이지요. 또한 타인을 존중하면서도 남의 시선이나 기준에 쉽게 흔들리지 않고 자기 기준을 지켜 가는 힘을 기르는 과정이기도 합니다. 그렇다면 아이를 '소신 있는 아이'로 키우기 위해 부모는 어떤 도움을 줄 수 있을까요?

첫째, 부모는 생활 속에서 '정답'보다 '이유'를 묻는 질문을 해 주는 것이 좋습니다. "아 그렇구나. 어떻게 그런 생각을 하게 되었어?"라고 과정과 이유를 물어 보세요. 또 "그다음에는 어떤 일이 벌어질까?"처럼 아이가 추론하고 결과를 생각할 기회가 되는 질문을 건네는 것도 도움이 됩니다. 부모가 평소에 "네 생각이 궁금하구나. 틀려도 괜찮으니 자신 있게 말해 봐"라고 말해 주면 아이는 자신의 생각을 정리하고 표현하는 연습을 자연스럽게 하게 됩니다. 이렇게 쌓인 경험이 아이에게 자신감을 길러 줍니다.

둘째, 아이에게 '자기결정권'을 넘겨 주고 스스로 선택할 기회를 많이 주세요. 아침에 어떤 옷을 입고 학교에 갈지, 어떤 운동을 할지, 어떤 학원에 다닐지 등 생활 속에서 아이가 결정할 수 있는 순간을 자주 만들어 주는 것이 좋습니다. 아이는 스스로 선택하고 결정하는 경험을 통해 점점 단단해집니다. 그리고 한 번 선택했다면 그 결정에 책임을 지는 경험도 함께 배우게 해야 합니다. 부모는 "네가 고른 일정이니까 약속도 잘 지키고 준비물도 잘 챙겨야 해"라고 말해 주면 됩니다. 부모가 모든 것을 결정하고 아이는 따라가기만 한다면 아이는 자연히 수동적인 태도를 갖게 됩니다.

셋째, 아이의 의견이 부모의 생각과 다를 때 무조건 막거나 반대하지 말고 존중해 주세요. 부모가 아이의 의견을 계속 차단하면 아이는 점점 자기 생각을 표현하지 못하고 눈치만 보게 됩니다. 아이가 부모의 의견에 반대하더라도, 자신의 생각을 말했다는 사실 자체를 먼저 인정해 주는 것이 좋습니다. 그리고 왜 그런 생각을 하게 되었는지 예의를 갖춰 설명하도록 지도해 주세요. 다른 사람의 이야기에 "그건 틀렸어"라고 말하기보다 "나는 이렇게 생각해"라고 자신의 이유를 말할 수 있도록 가르치는 것이 중요합니다.

넷째, 또래의 압력에 흔들리지 않고 자신의 생각을 말할 수 있도록 '한 줄 말하기'를 연습시켜 주세요. 친구들이 나쁜 행동을 권하거나 하고 싶지 않은 일을 함께 하자고 할 때, 단호하게 거절할 수 있어야 합니다. 예를 들면 "나는 그건 안 할래", "나는 그건 불편해", "엄마랑 약속했어", "미안, 나는 빠질게. 다른 건 같이하자"처럼 자신의 입장을 분명하게 표현하는 연습을 해 보는 것입니다. 이런 연습은 아이가 스스로를 지키는 힘을 키울 수 있도록 도와줍니다.

다섯째, 아이가 자신의 감정을 정확하게 인식하고 표현하며 조절할 수 있게 도와주세요. 아이가 울고 있다면 "지금 마음이 속상한지, 억울한지, 아니면 무서운지 이야기해 줄 수 있을까?"라고 물어보세요. 잠깐 장소를 바꾸어 아이와 함께 호흡을 가다듬고 마음이 진정된 뒤에 이야기를 이어 가는 것도 좋습니다. "그때 네가 하고 싶었던 것은 뭐였어?", "너는 어떤 의도에서 그렇게 하려고 했어?"와 같은 질문을 통해 아이가 자신의 감정을 이해하도록 도울 수 있습니다. 감정을 이해하고 조절하는 힘 역시 소신 있는 태도의 중요한 기반입니다.

여섯째, '소신'과 '고집'을 구분할 수 있도록 도와주세요. 소신은 정당한 이유가 있고 상대를 존중하는 태도가 담겨 있습니다. 또 새로운 정보를 알게 되면 유연하게 생각을 수정할 수도 있습니다. 반면 고집은 이유가 빈약하고 상대를 이기려고 하며, 상황이 달라져도 자신의 의견을 바꾸지 않으려 하는 태도입니다. 아이가 고집이 아니라 소신을 지키는 사람이 되도록 돕기 위해서는 부모 역시 "내가 틀릴 수도 있구나"라는 태도를 보여 주어야 합니다. 자신의 생각을 돌아보고 수정하는 모습을 부모가 먼저 보여 주세요.

소신 있는 태도는 결국 자신을 당당하게 지키는 힘입니다. 동시에 자신의 생각을 분명하게 표현하도록 돕고, 더 넓게 성장할 수 있는 기회를 만들어 줍니다. 아이가 소신 있는 행동을 했을 때 부모가 그 상황과 행동에 대해 구체적으로 칭찬해 주세요. "친구들이 놀릴 때 용기 내기가 쉽지 않았을 텐데 자신감 있게 네 의견을 말했구나. 정말 멋졌어"라는 말처럼 말입니다.

아이에게 가장 강력한 교육은 언제나 부모의 모습입니다. 부모가 먼저 소신 있고 당당한 태도를 보여 주면 아이는 자연스럽게 그 모습을 배웁니다. 생활 속에서 자신의 생각을 이유와 함께 표현하는 대화를 꾸준히 이어가 보세요. 아이의 생각은 그렇게 조금씩 단단해집니다.

소신 있는 아이를 만드는 부모의 6가지 습관

1. 이유를 묻는 질문
2. 자기결정권 주기
3. 의견 존중하기
4. 한 줄 말하기 연습
5. 감정 인식하기
6. 소신과 고집 구분하기

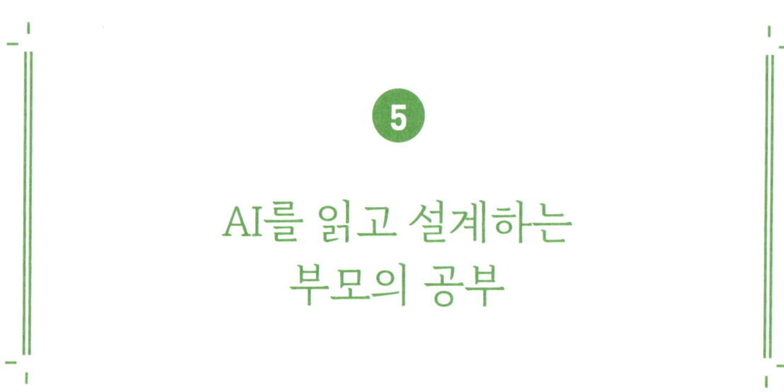

많은 분들이 학교 현장의 변화 속도가 세상의 변화 속도를 따라가지 못한다고 말합니다. 어느 정도 맞는 말입니다. 또 교육은 '백년지대계'百年之大計이니 세상의 모든 변화를 다 따라갈 필요는 없다고 하는 분들도 있습니다. 그 역시 일리가 있습니다.

그런데 최근 생성형 AI의 등장은 상황을 조금 다르게 만들고 있습니다. 학교에서도 이미 변화가 시작되었습니다. 발 빠른 선생님들은 다양한 디지털 도구와 AI를 활용해 수업을 더욱 생동감 있게 이끌고 있습니다. 저 역시 최근 교육지원청 설명회에 다녀왔는데, AI로 제작한 영상과 음악이 더해진 발표

덕에 이전과는 전혀 다른 몰입감을 경험했습니다. 창의적인 아이디어와 새로운 접근 방식이 이해를 돕고 감동을 전해 주었거든요.

누구도 거대한 AI 문명이 밀려오고 있다는 사실은 부정할 수 없습니다. 뉴스에서는 '당장 준비하지 않으면 뒤처진다'고 말하고, 부모들은 불안해합니다.

"우리 아이 교육 방향은 어떻게 잡아야 하지?"
"진로는 어떻게 도와주어야 할까?"

그러나 너무 걱정하지 않으셔도 됩니다. 폭탄이 발밑에 떨어진 것처럼 조급해 할 필요도 없습니다. 부모가 올바른 가치관과 교육철학을 세우고 차분하게 준비한다면 그것으로 충분합니다.

발달 단계에 맞게 천천히 준비하자

아이에게는 발달 단계가 있습니다. 피아제Jean Piaget의 인지발달 이론에 따르면 아이는 감각운동기(0~2세), 전조작기(2~7세),

구체적 조작기(7~11세), 형식적 조작기(11세 이후)를 거칩니다. 아이의 발달 수준에 따라 적합한 학습 경험이 중요합니다.

AI가 아무리 발달했다 하더라도 어린아이가 디지털 기기를 과도하게 사용하게 두는 것은 바람직하지 않습니다. 뇌 발달에 부정적인 영향을 줄 수 있기 때문입니다. 어릴 때는 놀이와 운동, 자연 활동, 독서 등 몸을 움직이는 경험이 우선입니다. 연산과 읽기 같은 기초 능력을 단단히 다지고, 규칙적인 생활 습관을 형성하는 것이 먼저입니다.

형식적 조작기 이후에는 AI를 학습 도구로 활용할 수 있습니다. 반복 학습을 돕고, 질문과 대화를 통해 사고를 확장하고, 영어 회화 연습이나 발음 교정, 탐구 활동에 활용하는 거지요. 중요한 것은 AI가 목적이 아닌 도구라는 점입니다.

AI를 다루는 방식을 아이에게 전적으로 맡겨 두어서는 안 됩니다. '요즘 아이들은 다 잘하니까 알아서 하겠지'라는 생각은 위험합니다. 스마트폰, 영상 콘텐츠, 게임은 자칫 중독으로 이어질 수 있고, 뇌 발달을 저해하거나 학습을 방해하는 요인이 될 수 있으니까요.

그러므로 부모가 먼저 공부해야 합니다. AI가 무엇인지, 어떻게 활용되는지, 장점과 한계는 무엇인지 알아야 합니다. 그리고 우리 아이의 생활 속에서 어떻게 지도하고 활용할지 직접 설계해야 합니다.

부모가 설계하면
AI는 도구가 된다

AI를 잘 활용하면 아이는 질문하는 힘을 기를 수 있습니다. 생각하는 힘과 탐구하는 능력도 함께 자랍니다. 부모와 아이가 함께 프롬프트를 만들어 질문해 보세요. 아이가 무엇을 알고 무엇을 모르는지 파악하고, 아는 것을 바탕으로 모르는 것을 추론하게 하세요. 탐구한 내용을 정리하고, 다시 질문하는 과정을 반복하다 보면 사고의 폭이 넓어집니다.

처음에는 부모가 '스캐폴딩' 역할을 하면 됩니다. 발판을 놓아 주고 점점 주도권을 아이에게 넘기는 것입니다. 그러면 아이는 AI에 의존하는 사람이 아니라, AI를 활용하는 사람이 됩니다. 미국의 팔란티어Palantir Technologies와 같은 기업은 학력보다 능력을 따져 인재를 선발한다고 알려져 있습니다. 그러나 모든 아이를 세계적인 AI 인재로 키워야 하는 것은 아닙니다. 중요한 것은 아이의 기질과 성향, 그리고 좋아하는 영역에서 빛나도록 돕는 일입니다.

저는 얼마 전 작은 음악회에 다녀왔습니다. 음악을 전공한 선생님들이 앙상블을 이루어 연주하고 노래를 부르는 모습이 참 행복해 보였습니다. 세계적인 무대는 아니었지만, 자신이 선택한 자리에서 재능을 나누는 모습은 충분히 빛났습니다. 우리 아이들도 마찬가지입니다. 거창한 자리가 아니어도 됩니다. 자신이 좋아하는 영역에서 재능을 발휘하고 행복하게 살아갈 수 있도록 돕는 것이 부모의 역할입니다.

처음 스마트폰이 등장했을 때 우리는 기술의 발전이 낯설고 두려웠습니다. 그러나 지금은 대부분 자연스럽게 활용하고 있습니다. AI 역시 결국 배우고 적응하게 될 것입니다. 다만 발달 단계에 맞게, 방향을 세우고, 직접 설계하는 부모의 태도가 결과를 달라지게 할 것입니다.

하루 20분, 30분이라도 AI 기능을 직접 사용해 보세요. 교육적인 활용법을 배우고, 아이에게 해가 되는 부분은 무엇인지 살펴보세요. AI 시대의 격차는 기술이 아니라 태도에서 시작됩니다.

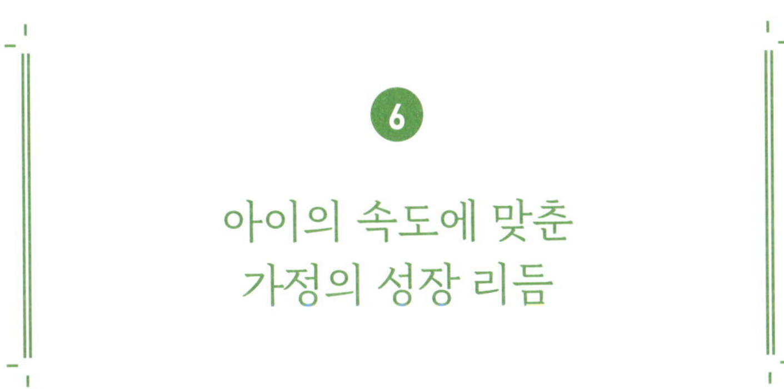

아이의 속도에 맞춘 가정의 성장 리듬

아이의 성장 과정은 평생을 좌우합니다. 어릴 때 불안정한 환경은 아이의 마음에 불안과 두려움을 남깁니다. 성인이 되어서야 그 원인이 어린 시절의 환경 때문이었음을 깨닫는 경우도 많아요.

아이가 평화롭고 행복한 삶을 살기를 바란다면, 부모가 먼저 자신의 삶을 평화롭게 꾸려 가야 합니다. 부모가 안정되고 단단해야 아이의 성장을 건강하게 도울 수 있습니다. 그 출발점은 '부모의 멘탈 관리'입니다.

부모의 마음이 안정되어야
아이가 안전해진다

세상이 뜻대로 되지 않을 때 우리는 쉽게 누군가를 원망하고, 화를 내고, 짜증을 냅니다. 그리고 그 감정은 가장 가까운 아이에게 향하기 쉽습니다. 저 역시 예외는 아니었습니다. 부모의 부정적인 감정에 반복적으로 노출될 때 아이들은 깊은 상처를 받습니다. 그 상처는 성인이 되어서도 남아 있는 경우가 많아요. 그래서 우리는 감정을 대물림하지 않기 위해 의식적으로 노력해야 합니다. 지금부터 부모의 멘탈을 지키는 세 가지 문장을 소개합니다.

첫째, "내가 틀릴 수 있다." 우리는 종종 '내 생각이 맞다'는 전제에서 출발합니다. 그러나 내가 틀릴 수 있다고 인정하는 순간 마음은 유연해집니다. 부부 갈등도, 인간관계의 충돌도 상당 부분 완화됩니다.

둘째, "세상은 내 뜻대로 되지 않는다." 모든 것이 원하는 대로 되어야 한다고 생각하면 끝임없이 좌절합니다. 그러나 '원래 세상은 내 뜻대로 되지 않는다'고 받아들이면 분노가 줄어듭니다.

셋째, "그럴 수 있어." 상대방도 나름의 사정과 어려움을 겪고 있을 수 있습니다. 겉으로 보이지 않는 고통을 이해하려는 태도는 관계를 부드럽게 만듭니다. 이 한마디가 가정의 공기를 바꿉니다.

부모의 정서가 안정되면 아이는 안전하다고 느낍니다. 그리고 그 안전감은 성장의 토대가 됩니다.

비교를 멈출 때 아이의 속도가 보인다

이제 아이를 바라볼 차례입니다. 아이의 속도를 존중하는 일은 생각보다 어렵습니다. 아이의 발달이 또래보다 늦거나 사회성이 부족해 보이면 부모의 마음은 조급해집니다. 제가 상담했던 한 아이는 학습 속도가 느려 쉬는 시간에도 과제를 끝내지 못했습니다. 친구들과 어울릴 시간도 부족했습니다. 부모는 불안했고, 점점 아이를 재촉하게 되었습니다.

그러나 그 아이는 레고 놀이와 공룡에 깊이 몰입하는 아이였습니다. 저는 부모에게 먼저 아이가 잘하는 것에 집중하라고 권했습니다. 학습이 조금 늦어도, 좋아하는 영역에서 반복 경험을 쌓으면 유능감이 자랍니다. 유능감은 자존감을 만들고, 자존감은 다시 도전할 힘을 만듭니다. 부모가 비교의 시선으로 아이를 바라보면 아이는 그대로 받아들입니다.

'내가 부족해서 부모가 힘들어하는구나.'

이 생각이 아이의 마음에 자리 잡습니다. 학교 현장에서 비슷한 사례를 많이 봅니다. 부족한 점만 바라보며 다그치기보다, 아이의 개성을 존중하고 그에 맞는 방법을 찾는 부모는 결국 아이와 함께 성장합니다. 아이는 부모가 원하는 방향으로는 아닐지라도, 자신이 원하는 방향으로 단단하게 자랍니다.

아이와 부모, 한 팀이 될 때 가정의 리듬이 살아난다

아이의 성장은 부모 혼자 책임질 일이 아닙니다. 부부가 생각을 맞추고 방향을 공유해야 합니다. 부모가 기대만 높고 나머지는 타인에게 외주처럼 맡겨 버리면, 결과가 기대에 못 미칠 때마다 다시 누군가를 탓하게 됩니다.

사춘기 아이들을 지켜보면 두 부류가 있습니다.

부모에게 은혜를 갚고 싶어 하는 아이,

부모에게 복수하고 싶어 하는 아이.

존중받고 이해받으며 자란 아이는 부모를 위해 더 잘하고 싶어 합니다. 반대로 통제와 비교 속에서 자란 아이는 언젠가 원망을 쏟아냅니다. "내 인생이 힘든 건 부모 때문이야"라고 말하기도 합니다.

그래서 가정에는 '리듬'이 필요합니다. 부모와 아이가 한 팀이 되어 함께 프로젝트를 완성해 가는 관계, 서로의 속도를 인정하고 조율하는 하모니, 마음에 든든한 응원군이 있는 아이는 쉽게 무너지지 않습니다. 그 단단한 마음은 세상의 어떤 도전도 견뎌낼 힘이 됩니다.

아이의 속도에 맞추어 기다려 주세요. 비교를 멈추고, 조급함을 내려놓고, 함께 걸어가세요. 가정의 화목한 리듬 속에서 아이는 자기만의 속도로 성장합니다.

AI 시대,
부모가 해야 할 일

요즘처럼 이렇게 빠르게 변화하는 시대를 경험해 본 적 있나요? 뉴스에서는 매일 같이 AI와 로봇에 관한 소식이 쏟아지고 있습니다. 이처럼 AI가 일상이 된 시대가 다가오는 지금, 누군가는 그 흐름 위에 올라타 자신만의 가치를 만들고, 또 누군가는 그저 바라보며 머뭇거리고 있습니다. 여러분은 어떤 부모가 되고 싶나요? 방향이 잘못되면 고속도로에서 역주행을 하는 것처럼 위험해질 수 있다는 말, 들어본 적 있지요? 그만큼 변화하는 시대 속에서 부모의 역할은 더욱 중요해지고 있습니다.

하지만 너무 걱정하지 않아도 됩니다. AI와 함께 살아가는 시대가 된다고 해서 교육의 본질이 하루아침에 완전히 달라지는 것은 아니기 때문입니다. 부모가 먼저 변화의 흐름을 이해하고, 아이에게 맞는 방향을 차근차근 찾아주면 됩니다. 그러기 위해서는 부모 스스로 몇 가지 기준을 세우고, 하루하루를 아이와 함께 의미 있고 따뜻한 시간으로 채워 나가면 됩니다.

첫째, 아이를 생각하기 전에 부모부터 단단하고 행복한 삶을 살아가세요. 부모는 아이의 거울입니다. 부모가 심적으로 안정되어 있으면 아이 역시 그 안에서 안정감을 느낍니다. 지금 내가 무엇을 좋아하는지, 어떤 방향으로 살아가고 싶은지 스스로에게 질문해 보세요. 나에게 가장 중요한 것이 무엇인지 고민하는 이 시간이 아이에게 가장 좋은 영향을 줍니다.

둘째, AI 시대에 맞는 교육 철학과 태도를 세워 보세요. '공부 잘하는 사람'과 '똑똑한 사람'의 기준이 달라지고 있습니다. 과거에는 지식을 빠르게 습득하고 많이 암기하여 높은 성적을 받는 것이 중요했다면, 이제는 스스로 질문하고 판단하며 새로운 의미를 만드는 능력이 더 중요해지고 있습니다. 보이지 않는 문제를 발견하고, 다양한 사람들과 공감하며, 나만의 생각으로 새로운 가치를 만들어내는 힘이 요구되는 시대입니다. 그렇기 때문에 아이의 교육 방향도 달라져야 합니다. 단순히 많이 아는 것을 넘어, 다양한 경험을 통해 체화하며 '나다움'과 '인간다움'을 지켜 나갈 수 있도록 도와주세요. 나아가 아이가 지식을 소비하는 데 그치지 않고, 스스로 만들고 확장하는 사람으로 성장할 수 있도록 이끌어 주세요.

셋째, 어떤 시대에도 변하지 않는 기본을 단단히 길러 주세요. AI 시대에도 아이에게 가장 중요한 것은 건강한 몸과 마음입니다. 잘 먹고, 잘 자고, 안정된 정서 속에서 생활할 수 있도록 일상의 루틴을 만들어 주세요. 또한 규칙을 지키고 자신의 삶에 책임지는 태도를 길러 주는 것이 중요합니다. 기본이 탄탄한 아이는 어떤 환경에서도 흔들리지 않고 성장할 수 있습니다. 이때 기초적인 습관과 태도는 결국 아이의 사고력과 삶의 방향을 지탱하는 힘이 됩니다.

넷째, 아이가 스스로 생각하고 삶의 주도권을 쥘 수 있도록 도와주세요. 아이가 자신의 삶을 주도하려면 부모의 적절한 거리두기가 필요합니다. 모든 것을 대신 결정해 주기보다, 스스로 선택하고 경험할 기회를 충분히 주세요. 또 아이의 기질과 성향을 있는 그대로 존중하고, 그에 맞는 방식으로 지원해 주세요. 부모는 불안과 욕심을 내려놓고, 아이가 원하는 삶을 살아갈 수 있도록 든든한 지원군이 되어야 합니다. 아이가 성장하며 갖춰야 할 것은 '나다움'과 '인간다움'입니다. 부모는 아이가 어떤 사람인지, 무엇을 좋아하는지, 어떤 삶을 꿈꾸는지를 함께 탐색하게 도와주고, 끊임없이 질문해 주세요. 이 과정에서 아이는 자신의 잠재력을 발견하고, 자신만의 길을 만들어 갈 것입니다.

여러분, AI라는 거대한 변화의 흐름 앞에서 두려움보다는 설렘을 선택해 보세요. 부모와 아이가 함께 배우고, 시도하고, 성장해 나간다면 그 과정 자체가 이미 의미 있는 여정입니다. 아이가 살아갈 멋진 미래를 떠올리며, 오늘 하루를 조금 더 따뜻하게 채워 보세요. 여러분이 만들어 갈 미래를 진심으로 응원합니다.

엄명자 드림

※ 이 책이 더 풍성해질 수 있도록 자신의 이야기를 통해 자녀교육의 통찰과 지혜를 공유해 주신 분들께 진심으로 감사드립니다.

내 아이의 경쟁력을 높이는 초등 사고 습관의 힘

AI를 이기는 아이는
이렇게 키웁니다

초판 1쇄 인쇄 2026년 3월 25일
초판 1쇄 발행 2026년 4월 8일

지은이 엄명자

기획·편집 김민정
디자인 표지 섬세한 곰 | 본문 정윤경
마케팅 이한결
제작 357제작소

펴낸이 김현아
펴낸곳 북웨이브하우스
출판등록 2025년 6월 6일 제2025-000165호
전화 070-4159-8007 | **이메일** info@bookwavehouse.com
주소 경기도 고양시 덕양구 지정로17 리더플렉스블루 313호

ISBN 979-11-996914-1-4 (13590)